Inhaltsverzeichnis

Dieses Heft gehört:		Klasse:	

Umfang und Flächeninhalt von Dreiecken

▶ Grundwissen

Beispiel:

Umfang: $u = a + b + c$ $u = 2{,}5\,\text{cm} + 4{,}9\,\text{cm} + 6\,\text{cm} = 13{,}4\,\text{cm}$

Flächeninhalt: $A = \frac{g \cdot h_g}{2}$ $A =$ ______________

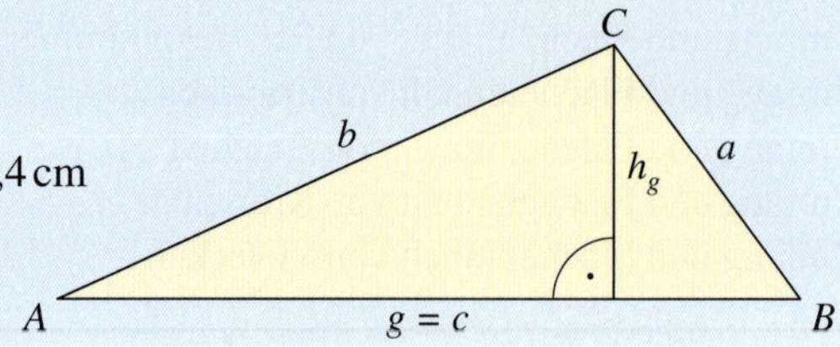

▶ Auftrag: Berechne den Flächeninhalt A des abgebildeten Dreiecks. Miss benötigte Längen.

Trainieren

1 Miss jeweils zuerst die Längen der Seiten und schreibe diese an das Dreieck. Ermittle danach dessen Umfang.

a)

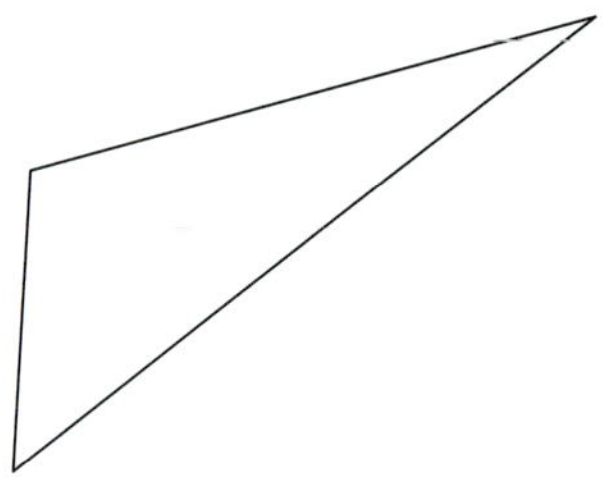

b)

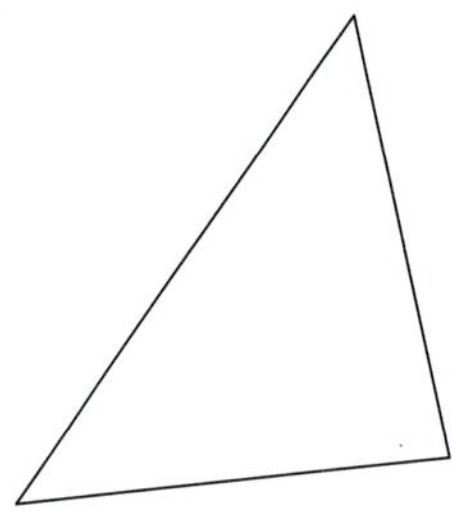

c)

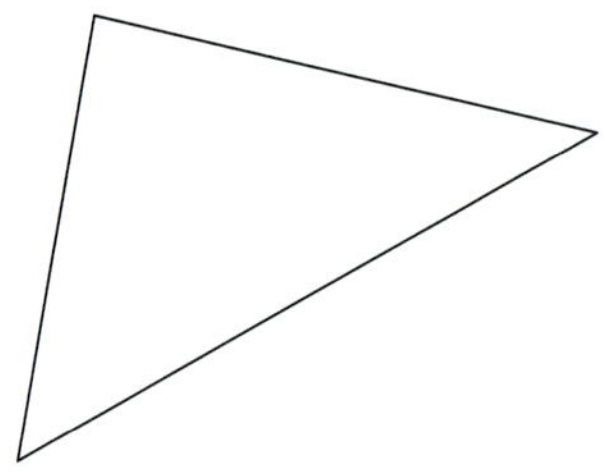

______________ ______________ ______________

2 Ergänze jeweils die fehlende Größe des Dreiecks.

a	2 cm	25 mm	4 dm	1,5 m	8 cm	31 mm	2,4 dm	3,1 m
b	5 cm	35 mm	4 dm	1 m	10 cm	32 mm		2,3 m
c	5 cm	20 mm	4 dm	2 m			4,3 dm	
u					25 cm	100 mm	11,9 dm	9,9 m

3 Gib drei Beispiele für Seitenlängen von Dreiecken mit 15 cm Umfang an.
Hinweis: Überprüfe deine Beispiele mit entsprechend langen Papierstreifen oder einem 15 cm langen Band.

____

4 Berechne die Flächeninhalte und begründe.

a)

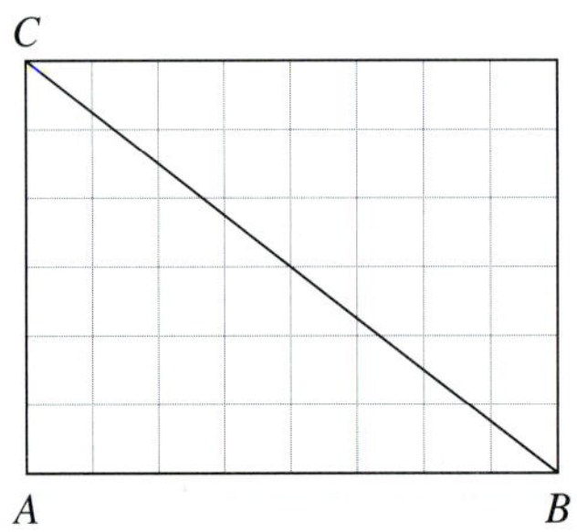

Rechteck: $A =$ ______________

Dreieck ABC: $A =$ ______________

b)

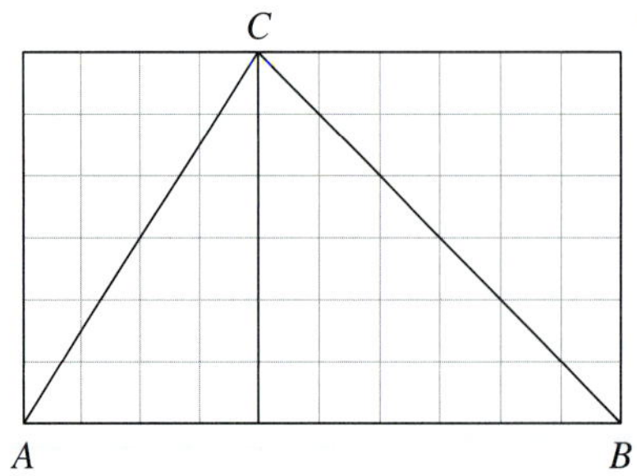

Rechteck: $A =$ ______________

Dreieck ABC: $A =$ ______________

c)

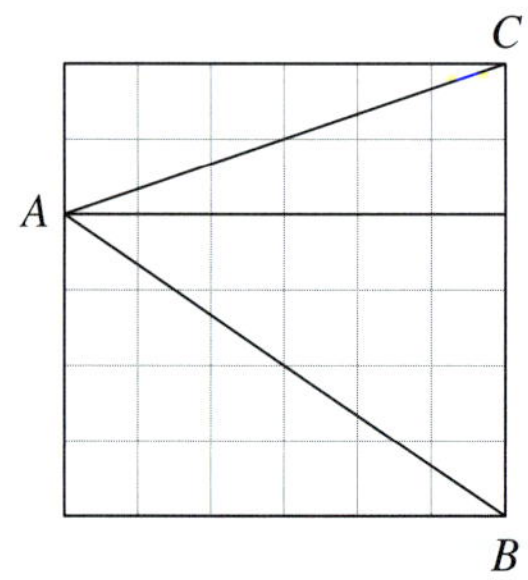

Rechteck: $A =$ ______________

Dreieck ABC: $A =$ ______________

5 Berechne die Flächeninhalte der Dreiecke. Entnimm die Maße den Zeichnungen.

a)

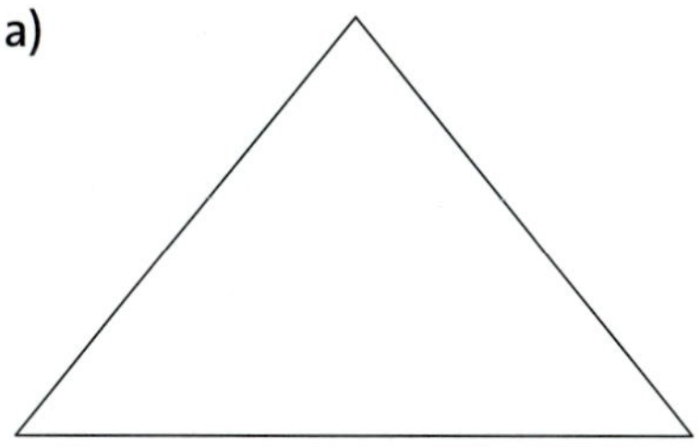

b)

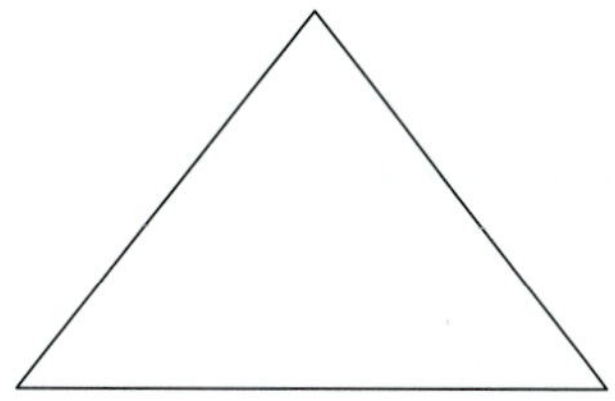

c)

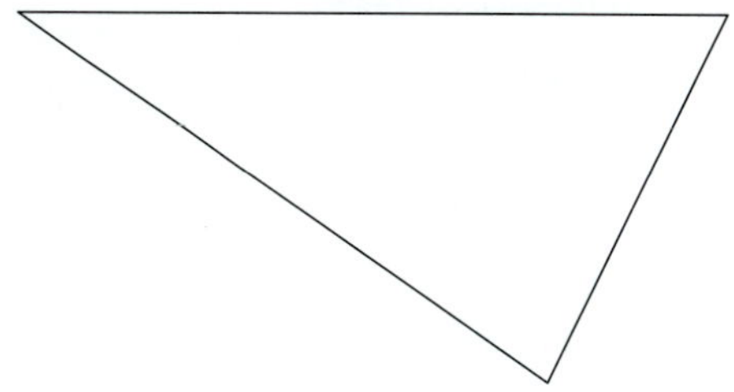

d)

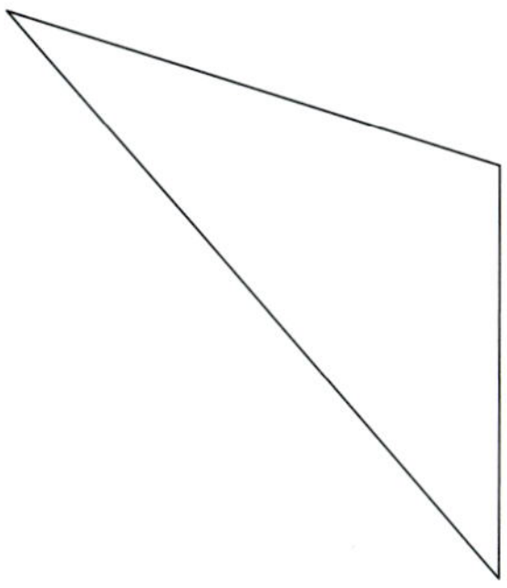

e)

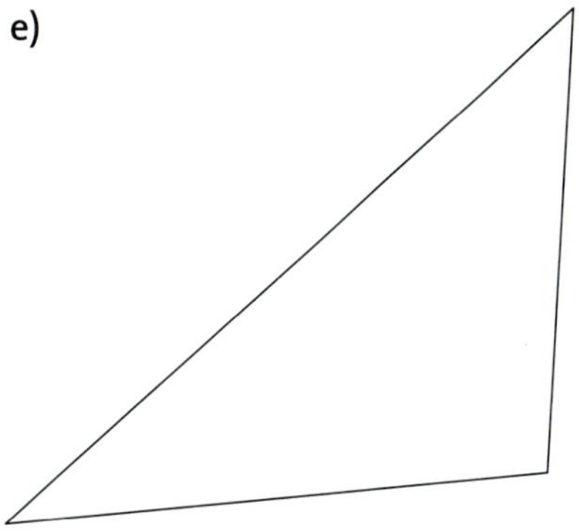

f)

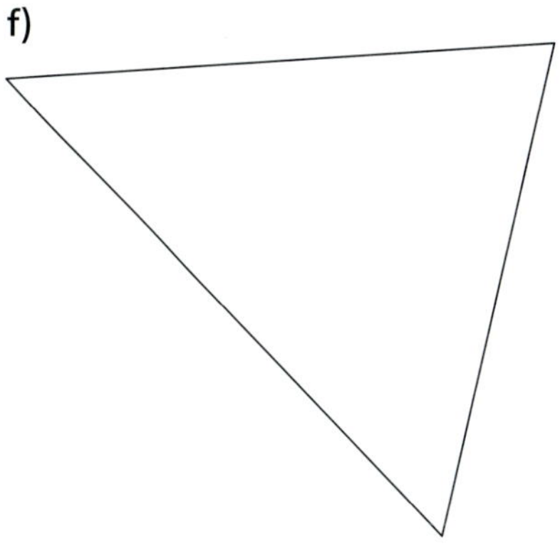

Anwenden und Vernetzen

6 Die Strecken $\overline{AB}$ sollen Seiten von Dreiecken ABC sein, die zum gelben Rechteck flächengleich sind.

a) Ergänze jeweils zu einem dementsprechenden Dreieck ABC. Berechne dazu zuerst den Flächeninhalt.

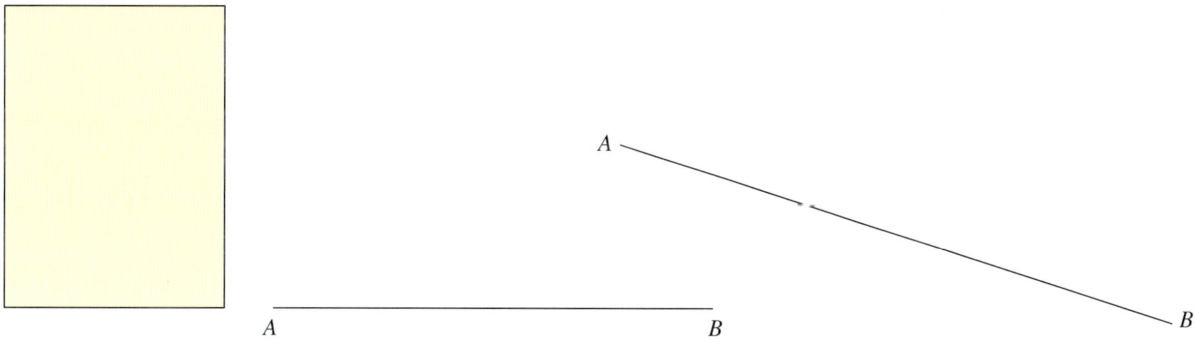

b) Ermittle die Umfänge der Dreiecke.

7 Jans Eltern wollen die maßstäblich abgebildete dreieckige Fläche mit Rollrasen auslegen. 1 m^2 Rollrasen kostet 5,50 €.

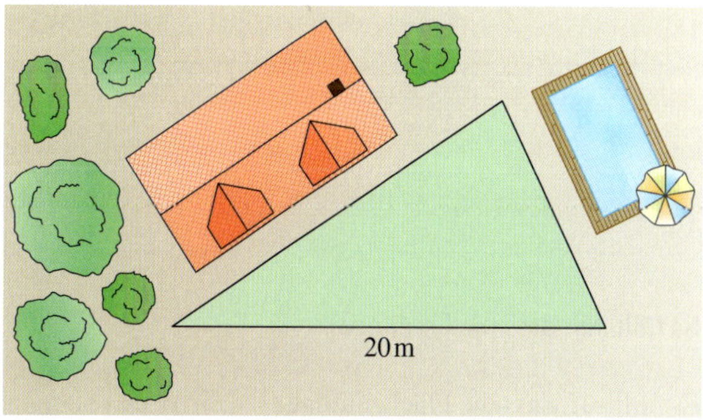

a) Wie viel wird der Rollrasen insgesamt kosten?

b) Schätze, wie viel Meter Rasenkantensteine zu kaufen sind.

Umfang und Flächeninhalt von Parallelogrammen

▶ Grundwissen

Jedes Viereck mit zwei Paaren gleich langer gegenüberliegender Seiten ist ein Parallelogramm.

Umfang: $u = a + b + a + b$
$= 2 \cdot a + 2 \cdot b$

Beispiel:
$u = 2 \cdot 3\,\text{cm} + 2 \cdot 2{,}5\,\text{cm} = 11\,\text{cm}$

Flächeninhalt: $A = a \cdot h_a$

$A =$ ________________

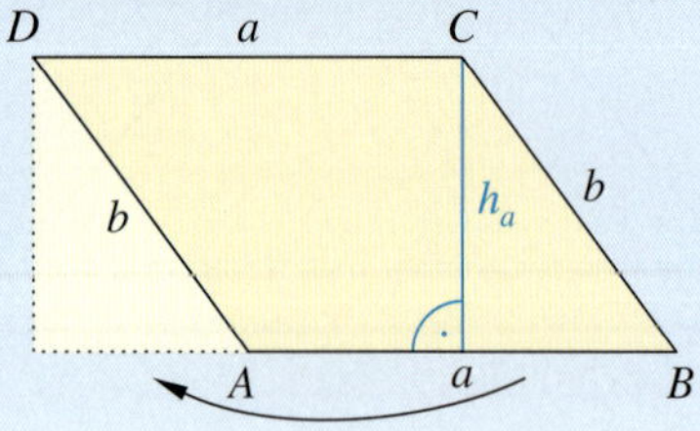

▶ Auftrag: Berechne den Flächeninhalt A des abgebildeten Parallelogramms. Miss benötigte Längen.

Trainieren

1 Verschiedenartige Parallelogramme

a) Ordne jede der folgenden Bezeichnungen genaut einmal zu.

Quadrat | Rechteck | Raute | Parallelogramm

b) Miss jeweils zuerst die Längen der Seiten und schreibe diese an das Parallelogramm. Ermittle danach dessen Umfang.

c) Miss jeweils eine Grundseite a sowie die Höhe h_a auf der Grundseite und gib den Flächeninhalt an. Hinweis: Überprüfe dein Ergebnis mithilfe der Kästchen.

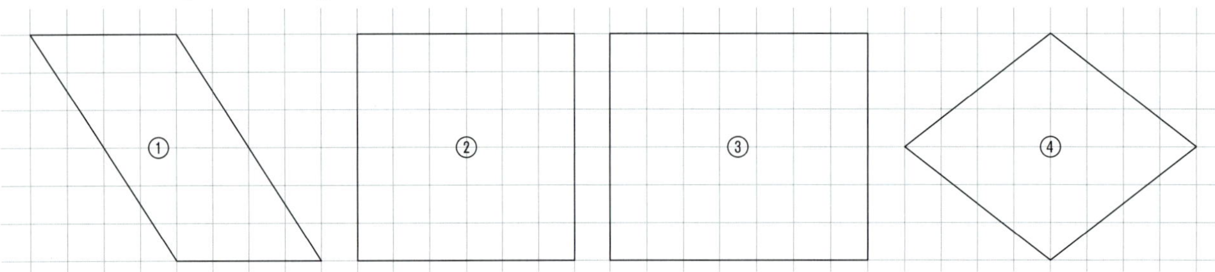

①	②	③	④
______	______	______	______
$u =$ ______	$u =$ ______	$u =$ ______	$u =$ ______
$A =$ ______	$A =$ ______	$A =$ ______	$A =$ ______

2 Ermittle die Umfänge und die Flächeninhalte der Parallelogramme.
Was fällt auf?

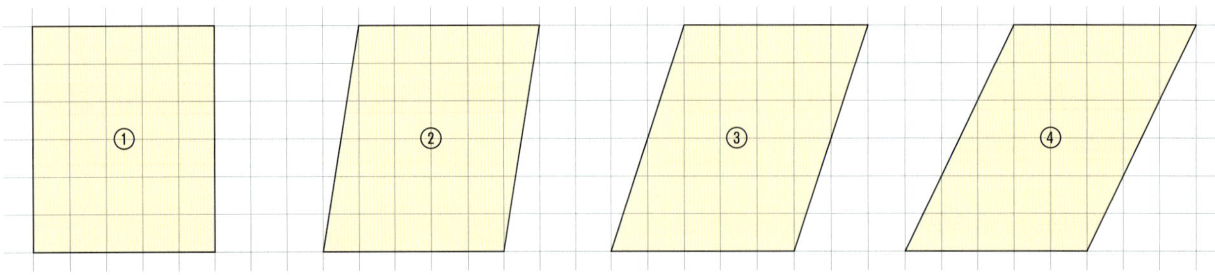

①	②	③	④
$u =$ ______	$u \approx$ ______	$u \approx$ ______	$u \approx$ ______
$A =$ ______	$A =$ ______	$A =$ ______	$A =$ ______

Es fällt auf, dass die Umfänge ________________________

Es fällt auf, dass die Flächeninhalte ________________________

3 Berechne die Flächeninhalte der Parallelogramme.

a) 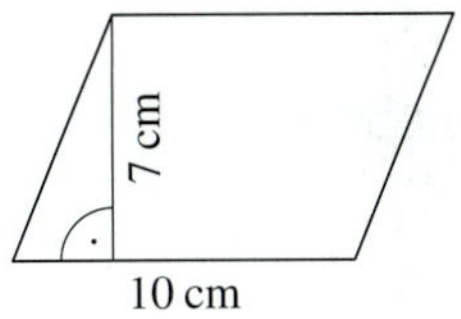

b) 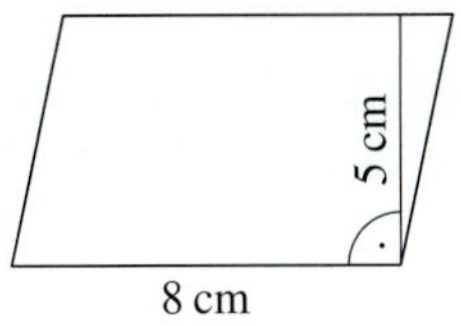

c) 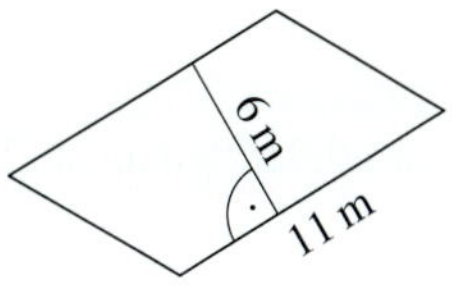

d) 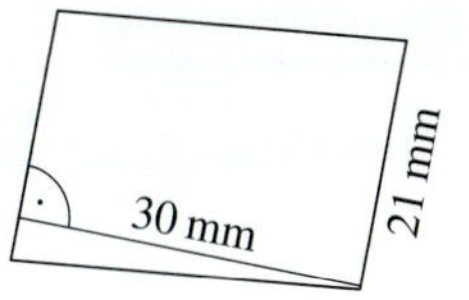

4 Zeichne jeweils ein entsprechendes Parallelogramm. Ermittle dazu benötigte Längen.

a) $A = 15\ \text{cm}^2$; $a = 6\ \text{cm}$

b) $A = 18\ \text{cm}^2$; $h_a = 3\ \text{cm}$

5 Ergänze jeweils die fehlenden Größen des Parallelogramms.
Zusatzaufgabe: Überprüfe deine Ergebnisse mithilfe von maßstäblichen Zeichnungen auf kariertem Papier.

a	2 cm	4 cm	6 cm		9 cm	10 cm	15 mm	
b	2 cm	2 cm		5 cm		7 cm	8 mm	17 m
h_a	1 cm			3 cm			10 mm	12 m
u			22 cm	24 cm	28 cm			60 m
A		$4\ \text{cm}^2$	$24\ \text{cm}^2$		$72\ \text{cm}^2$	$80\ \text{cm}^2$		

Anwenden und Vernetzen

6 Die Koordinaten von drei Eckpunkten eines Parallelogramms $ABCD$ sind $A(2{,}5|1)$, $B(7|2)$ und $C(5{,}5|3{,}5)$.

a) Gib die Koordinaten vom Punkt D an.

b) Leni sagt: „Wenn eine Einheit 1 cm lang ist, beträgt der Umfang ca. 135 mm und der Flächeninhalt 9 cm.“ Kann das stimmen?

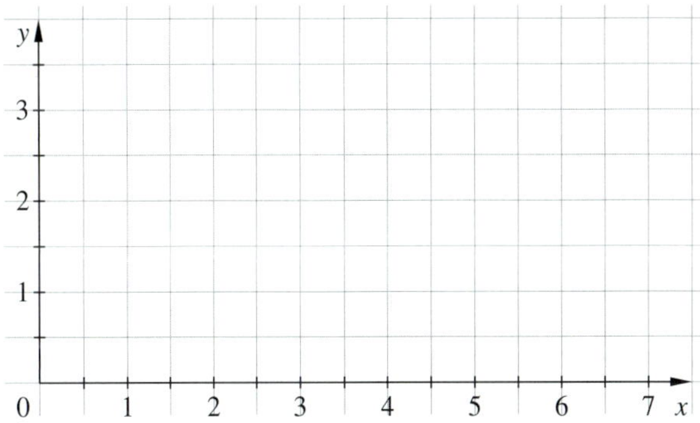

7 Mit 25 der maßstäblich abgebildeten Pfeile soll ein Weg gekennzeichnet werden. Wie viel Quadratmeter selbstklebender Folie sind dafür mindestens zu kaufen?

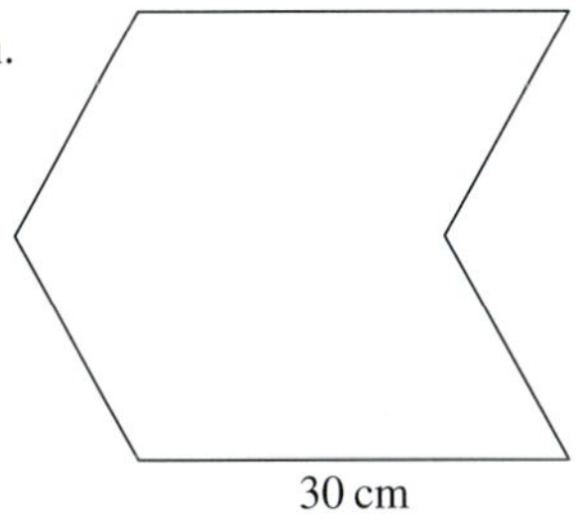

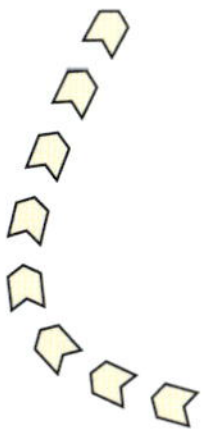

Umfang und Flächeninhalt von Trapezen

▶ Grundwissen

Jedes Viereck mit einem Paar paralleler Seiten ist ein Trapez.

Umfang: $u = a + b + c + d$

Flächeninhalt: $A = \frac{a+c}{2} \cdot h_a \quad \left(m = \frac{a+c}{2}\right)$

Beispiel: $u = 6{,}2\,\text{cm} + 3{,}5\,\text{cm} + 1{,}8\,\text{cm} + 4\,\text{cm} = 15{,}5\,\text{cm}$

$A =$ ______________________

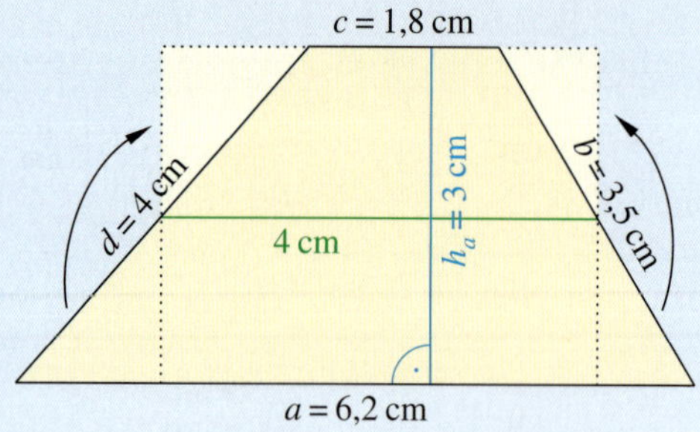

▶ Auftrag: Berechne den Flächeninhalt A des abgebildeten Trapezes.

Trainieren

1 Berechne jeweils die Länge der Mittellinie m und den Flächeninhalt A.

a)
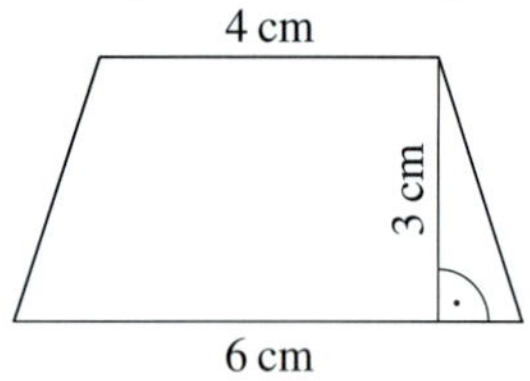

b)
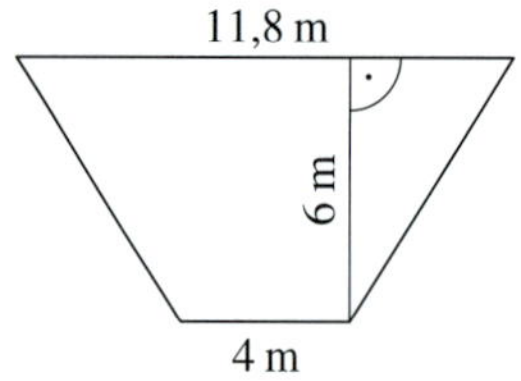

c)
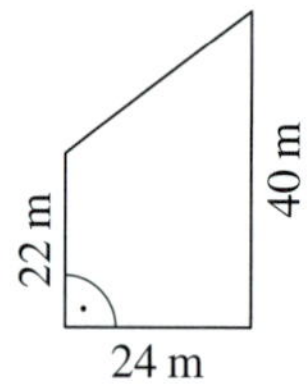

d)
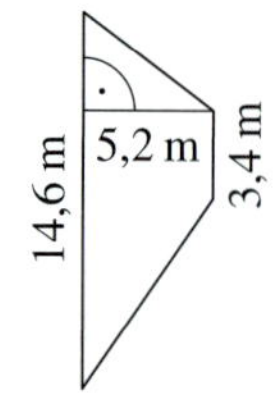

$A =$ ______________ $A =$ ______________ $A =$ ______________ $A =$ ______________

2 Trapeze

9,5 cm | 10,5 cm | 10,5 cm | 12,6 cm

a) Ordne jedem Viereck seinen Umfang zu.

b) Zeichne jeweils zuerst die Mittellinie m und die Höhe h ein. Berechne danach damit die Flächeninhalte.
Hinweis: Überprüfe dein Ergebnis mithilfe der Kästchen und flächeninhaltsgleicher Rechtecke.

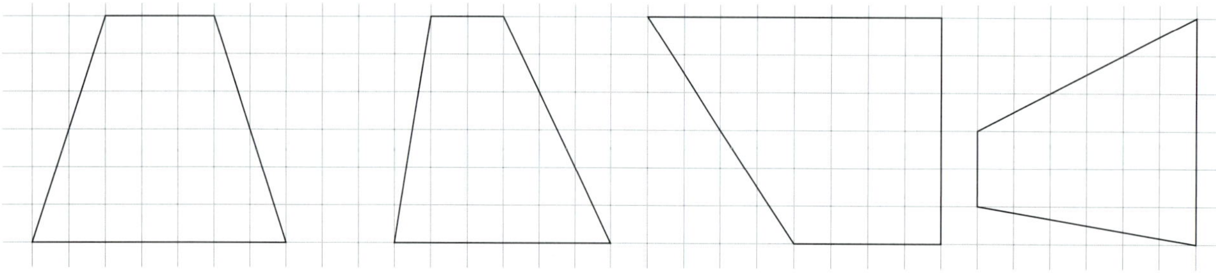

$u \approx$ ______________ $u \approx$ ______________ $u \approx$ ______________ $u \approx$ ______________

$A =$ ______________ $A =$ ______________ $A =$ ______________ $A =$ ______________

3 Berechne die Flächeninhalte folgender Trapeze mit den zueinander parallelen Seiten a und c.

Seite a	3 cm	3,8 cm	75 cm	358 m	5 mm
Seite c	5 cm	2,4 cm	1,45 m	0,7 km	2,8 mm
Höhe h	4 cm	3 cm	0,8 m	47 m	12 mm
Flächeninhalt A					

4 Ein Trapez ist 18 cm² groß. Die zueinander parallelen Seiten sind 6 cm und 3 cm lang.
Ermittle die Höhe des Trapezes.

5 Berechne jeweils die fehlenden Größen des Trapezes mit den zueinander parallelen Seiten *a* und *c*.
Hinweis: Skizziere drei entsprechende Trapeze auf einem zusätzlichen Blatt.

a	10 cm	5 cm	3 cm	7,5 cm		10 cm	2,5 cm
b	6 cm	6,2 cm	4,3 cm	6,8 cm		2,2 cm	6,2 cm
c	5 cm			2 cm	8 cm	4 cm	
d	7,8 cm	6 cm	3,8 cm		3,6 cm	5,4 cm	6,3 cm
u			18,1 cm	20,3 cm	19,2 cm		
h	6 cm		3,5 cm		3 cm		6 cm
A		24 cm²		19 cm²		14 cm²	

Anwenden und Vernetzen

6 Die Platte des Tisches für eine Kita hat die Form eines Trapezes mit einer 1,2 m langen Seite und drei 60 cm langen Seiten.

a) Wie viele Kita-Kinder können direkt am Tisch stehen, wenn jedes Kind ca. 30 cm beansprucht?

b) Zeichne zuerst eine Tischfläche im Maßstab 1 : 10.
Ermittle danach mithilfe der Zeichnung die Größe der Tischfläche in Quadratdezimetern.

c) Schätze, wie viele Doppelseiten dieses Arbeitsheftes man zum vollständigen Abdecken der Tischplatte mindestens benötigt?

Umfang und Flächeninhalt von Drachen

▶ Grundwissen

Jedes Viereck mit zwei Paaren gleich langer benachbarter Seiten ist ein Drachen.

Umfang: $u = a + a + b + b$
$= 2 \cdot a + 2 \cdot b$

Beispiel:
$u = 2 \cdot 1{,}8\,\text{cm} + 2 \cdot 2{,}9\,\text{cm} = 9{,}4\,\text{cm}$

Flächeninhalt: $A = \frac{e \cdot f}{2}$

$A =$ ____________________

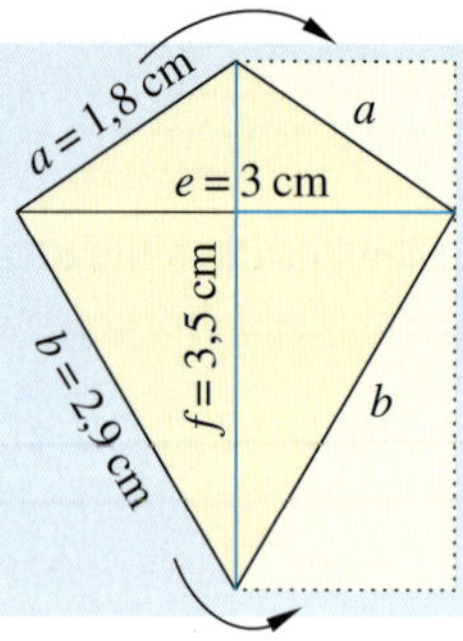

▶ Auftrag: Berechne den Flächeninhalt A des abgebildeten Drachens.

Trainieren

1 Drachen

9 cm | 10,4 cm | 11,4 cm | 12,6 cm | 12,2 cm

a) Ordne jedem Viereck seinen Umfang zu.

b) Zeichne jeweils zuerst die Diagonalen ein.
Berechne danach die Flächeninhalte. Miss dafür benötigte Streckenlängen.
Hinweis: Überprüfe deine Ergebnisse mithilfe flächeninhaltsgleicher Rechtecke.

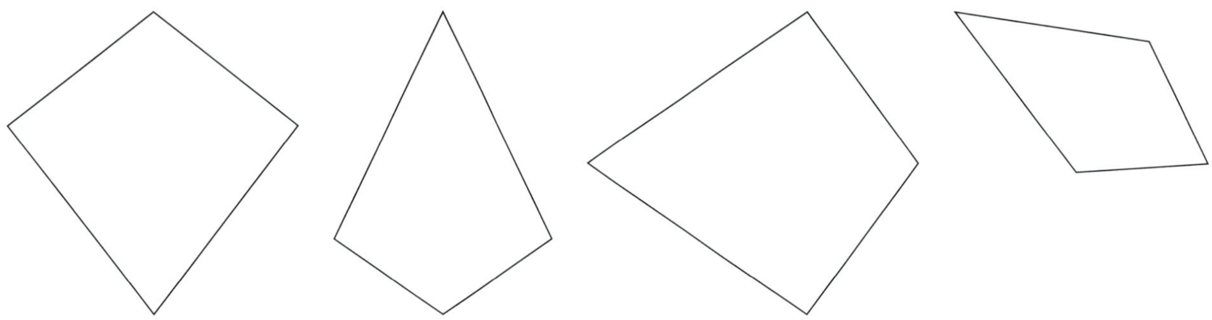

$u \approx$ ______ $u \approx$ ______ $u \approx$ ______ $u \approx$ ______

$A =$ ______ $A =$ ______ $A =$ ______ $A =$ ______

2 Berechne jeweils die fehlende Größe des Drachens.

a) Längen der Seiten und Umfang

a	2 cm	2,5 mm	4 dm	1,5 m	8 cm	31 mm		
b	5 cm	3,5 mm	4 dm	1 m			5,2 dm	2,3 m
u					36 cm	106 mm	15,2 dm	10,8 m

b) Längen der Diagonalen und Flächeninhalt

e	2 cm	4 dm	8 cm	4,5 mm	31 mm	2 m		
f	3 cm	3 dm	10 cm	4 mm			1 m	50 dm
A					341 mm²	2,3 m²	0,75 m²	60 dm²

3 Ein Drachen ist 30 cm² groß. Wie lang können die Diagonalen sein? ____________________

4 Ergänze jeweils zuerst zu einem Drachen. Gib danach den Flächeninhalt an.

a) $e = 5{,}5\,\text{cm}; f = 6\,\text{cm}$ $A =$ ____________

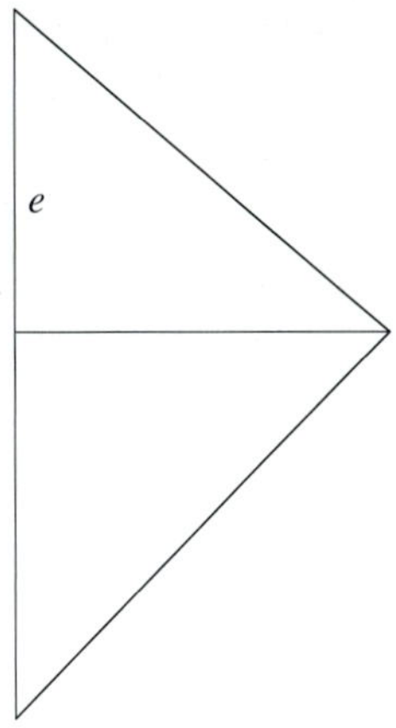

b) $e = 7\,\text{cm}; f = 7\,\text{cm}$ $A =$ ____________

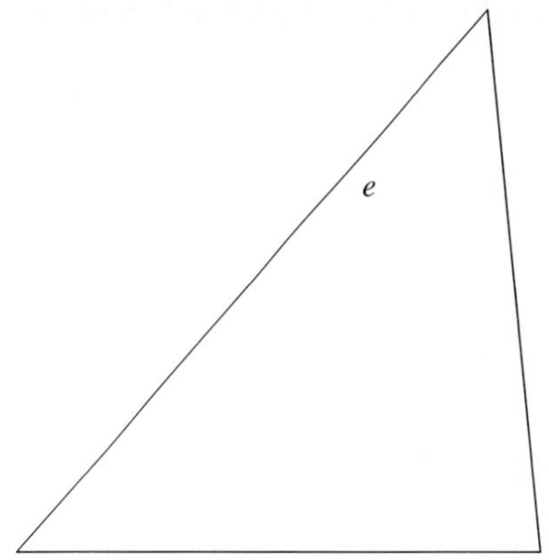

c) $a = 5\,\text{cm}; b = 5\,\text{cm}$ $A =$ ____________

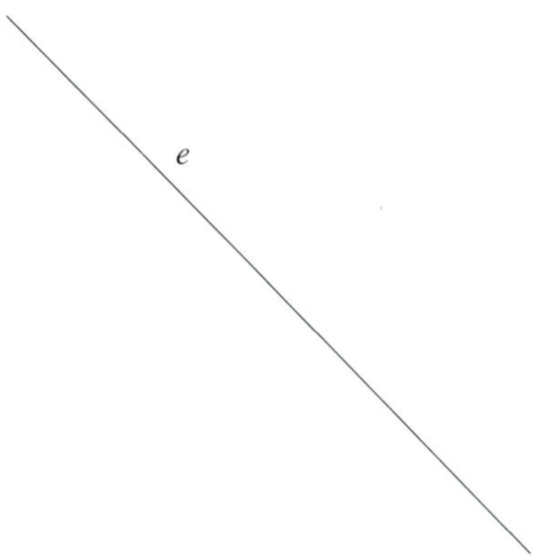

d) $a = b; e = 5\,\text{cm}; f = 7\,\text{cm}$ $A =$ ____________

Anwenden und Vernetzen

5 Nele möchte aus zwei Leisten und einem großen Bogen farbigem Papier einen Drachen bauen.
Die Leisten sind 50 cm bzw. 80 cm lang.
Die kürzere Leiste soll etwa 25 cm von der Spitze entfernt angebracht werden.
Der Bogen Papier ist 47 cm breit und 80 cm lang.

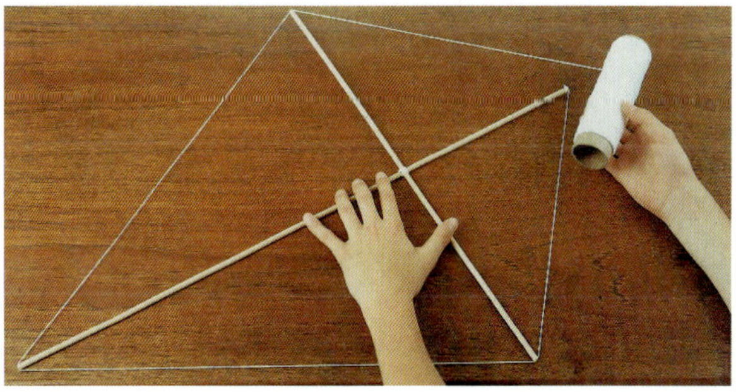

a) Zeichne den Drachen maßstabsgetreu auf den Bogen.
Hinweis: Lege zuerst die Leisten mit Papierstreifen.

b) Reichen 2 m Schnur zum Umspannen des Drachens? Begründe deine Antwort mit einer Rechnung.

____

____

____

c) Schätze, wie viel Prozent des Bogens Papier zu Abfall werden.
Zusatzaufgabe: Begründe deine Entscheidung.

☐ ca. 30 % ☐ ca. 40 % ☐ ca. 50 % ☐ ca. 60 %

Umfang und Flächeninhalt von Kreisen

▶ Grundwissen

- Der Quotient von Umfang u und Durchmesser d ist bei allen Kreisen gleich.
  $u : d = \pi \approx 3{,}14$

  $u = \pi \cdot d =$ ______________________

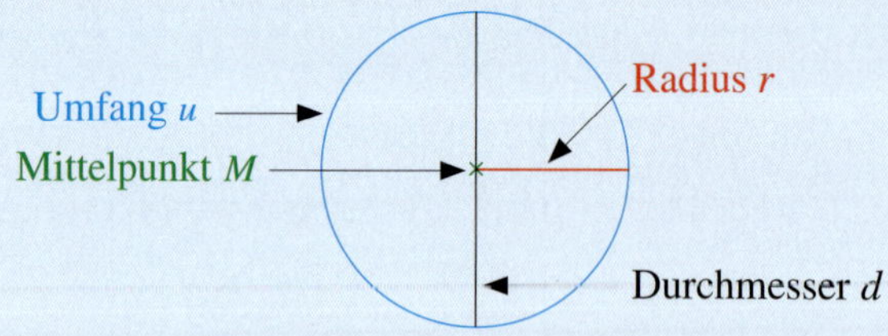

- Der Flächeninhalt A eines Kreises mit dem Radius r lässt sich mit folgender Formel berechnen.

  $A = \pi \cdot r^2 =$ ______________________

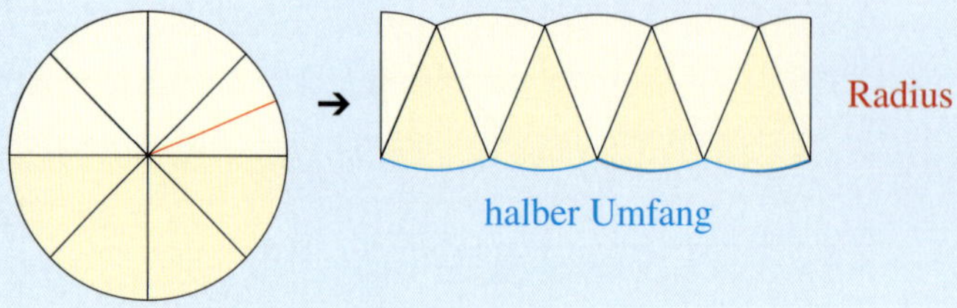

▶ **Auftrag:** Ergänze die passenden Formeln mit dem Radius r bzw. Durchmesser d.

Trainieren

1 Berechne jeweils den Umfang und den Flächeninhalt der gelben Flächen.
Hinweis: Prüfe mithilfe der Kästchen, ob deine Ergebnisse stimmen können.

a)
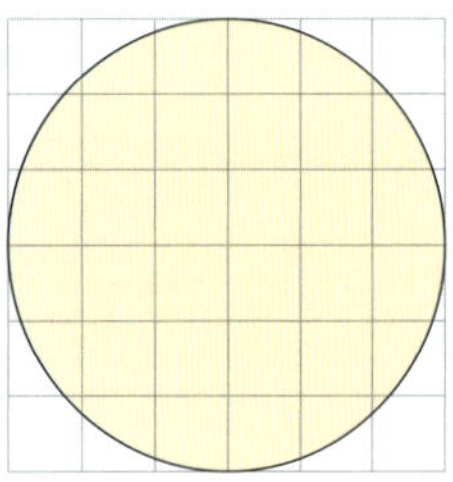
$u =$ ______________________

____

$A =$ ______________________

____

b)
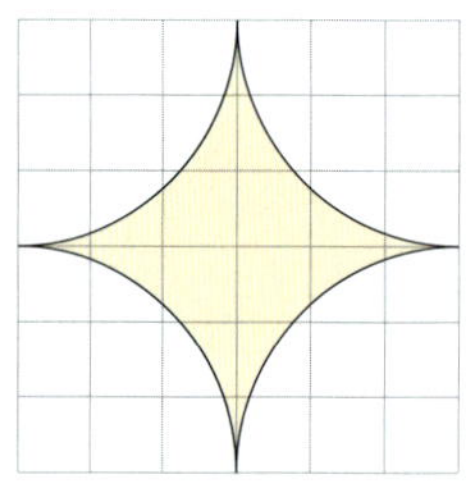
$u =$ ______________________

____

$A =$ ______________________

____

c)
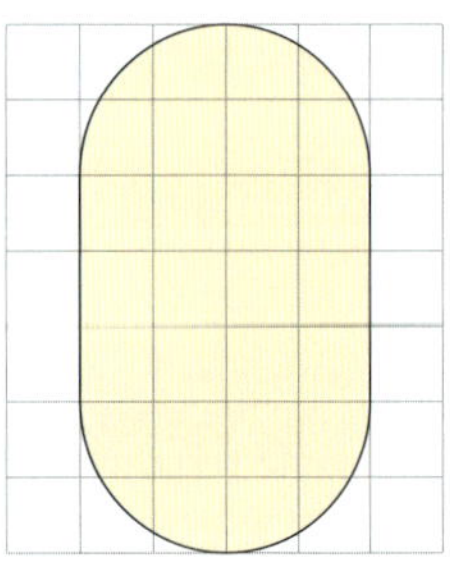
$u =$ ______________________

____

$A =$ ______________________

____

d)
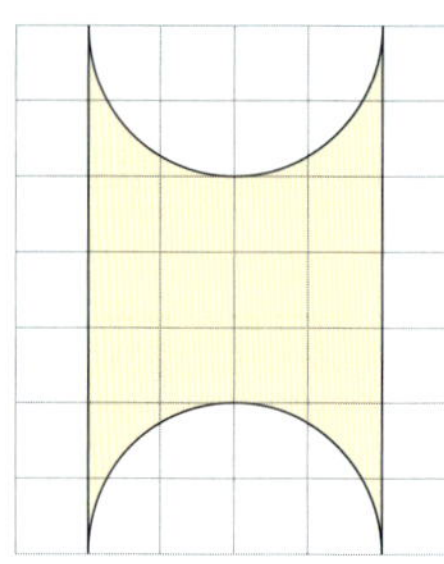
$u =$ ______________________

____

$A =$ ______________________

____

2 Kann mit einem 20 m langen Seil ein Kreis mit 6 m Durchmesser gelegt werden?
Begründe deine Antwort.

____

____

3 Mit einer 16 cm langen Schnur wurde zuerst ein Quadrat und danach ein Kreis gelegt.
Welche der beiden Figuren hatte den größeren Flächeninhalt?
Hinweis: $A_{Quadrat} = a \cdot a = a^2$

____

____

4 Von oben gesehen sind folgende Objekte Kreise. Ordne diesen den entsprechenden Umfang zu. Zeichne Linien ein.

Münze	Mittelkreis eines Fußballfeldes	Rad eines Fahrrades	Teller	Longdrinkglas

1,95 dm	57,8 m	7,23 cm	2,17 m	75,4 cm	27,15 cm

5 Von oben gesehen sind folgende Objekte Kreise. Schätze, wie groß die entsprechenden Flächeninhalte sind.

a) 1-Euro-Münze ______________ **b)** Mittagsteller ______________

c) Tasse ______________ **d)** Mittelkreis eines Fußballfeldes ______________

6 Berechne die fehlenden Werte. Runde auf Hundertstel.

Durchmesser		0,28 m				
Radius	5,00 cm					
Flächeninhalt			23,76 km^2	441,15 m^2		
Umfang					7,54 dm	25,76 m

Anwenden und Vernetzen

7 Bei der Restauration einer Kirche soll das folgende Ornament nachgezeichnet werden. Für einen Quadratmeter benötigt man 0,8 l Farbe.

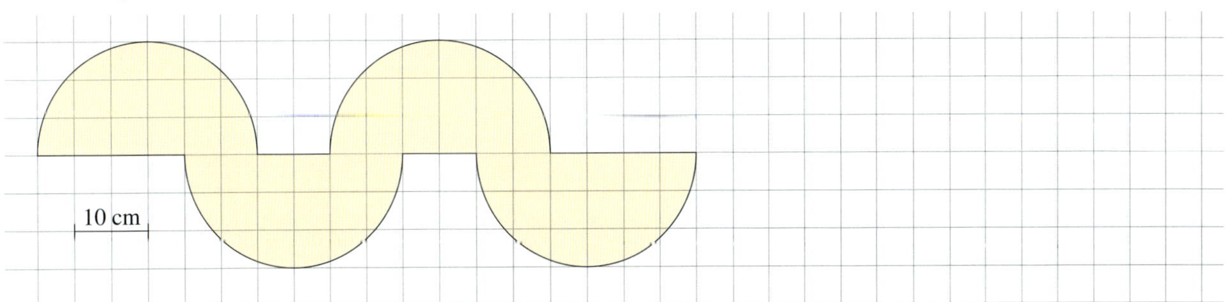

a) Berechne den Farbverbrauch für den abgebildeten Teil des Ornamentes. Hinweis: Beachte den Maßstab.

____

____

b) Setze das Ornament bis zum Rand fort.

8 Die abgebildete Figur wurde mit dem Zirkel gezeichnet. Der weiße Kreis hat im Original einen Radius von 1,2 cm. Berechne jeweils den Umfang oder den Flächeninhalt *A* folgender Teilfiguren.
Zusatzaufgabe: Zeichne die Figur im Maßstab 5:1 auf ein zusätzliches Blatt.

weißer Kreis $A =$ ______________ graue Fläche $u =$ ______________

blaue Fläche $A =$ ______________ gelbe Fläche $u =$ ______________

Umfang und Flächeninhalt von Vielecken

▶ Grundwissen

- Der Umfang u eines Vielecks ist die Summe der Längen aller Seiten des Vielecks.
- Der Flächeninhalt A eines Vielecks ist die Summe aller Flächeninhalte seiner Teilflächen.

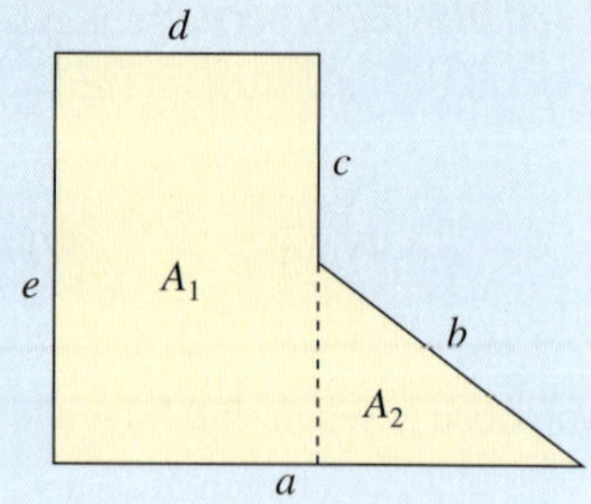

Beispiel: $u = a + b + c + d + e = 4\,\text{cm} + 2{,}5\,\text{cm} + 1{,}5\,\text{cm} + 2\,\text{cm} + 3\,\text{cm} = 13\,\text{cm}$

$A = A_1 + A_2 =$ ______________________

▶ Auftrag: Ermittle den Flächeninhalt A des abgebildeten Vielecks.

Trainieren

1 Zerlege jeweils zuerst in zwei Dreiecke und berechne danach den Flächeninhalt des Vierecks.
Hinweis: Miss die benötigten Längen.

a) 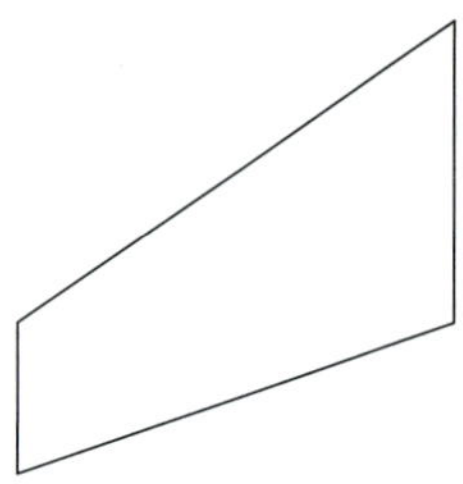

b) 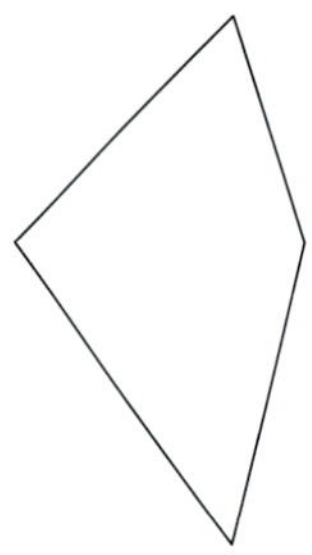

c) 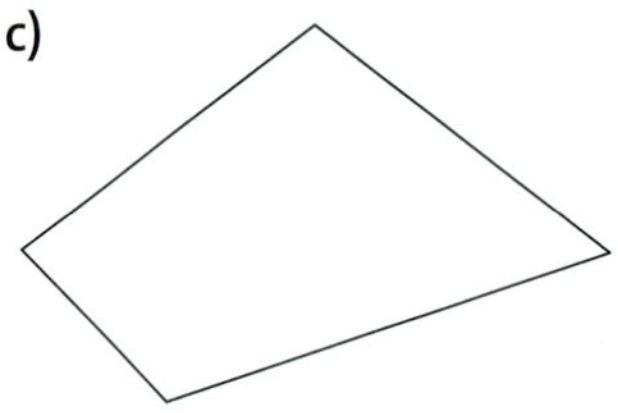

d) 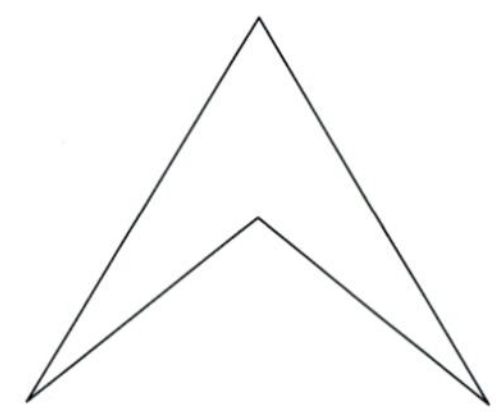

a)	b)	c)	d)
$A_1 =$ ______	$A_1 =$ ______	$A_1 =$ ______	$A_1 =$ ______
$A_2 =$ ______	$A_2 =$ ______	$A_2 =$ ______	$A_2 =$ ______
$A =$ ______	$A =$ ______	$A =$ ______	$A =$ ______

2 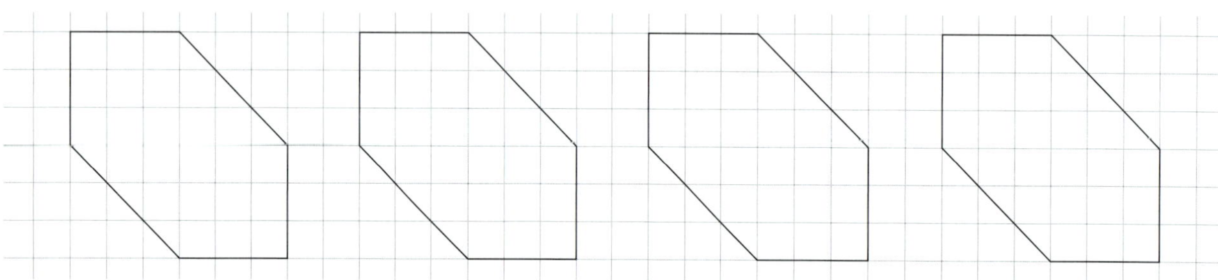

a) Zerlege auf vier verschiedene Weisen in Teilflächen, so dass du den Flächeninhalt berechnen kannst.

b) Berechne den Umfang und den Flächeninhalt.
Hinweis: Miss die benötigten Längen.

$u =$ ______________________

$A =$ ______________________

c) In einem Heft steht: $A_1 = A - 2 \cdot A_2$
$A_1 = 3\,\text{cm} \cdot 3\,\text{cm} - 2 \cdot \frac{(1{,}5\,\text{cm} \cdot 1{,}5\,\text{cm})}{2}$

Markiere in der Zeichnung die entsprechenden Flächen A_1 und A_2.

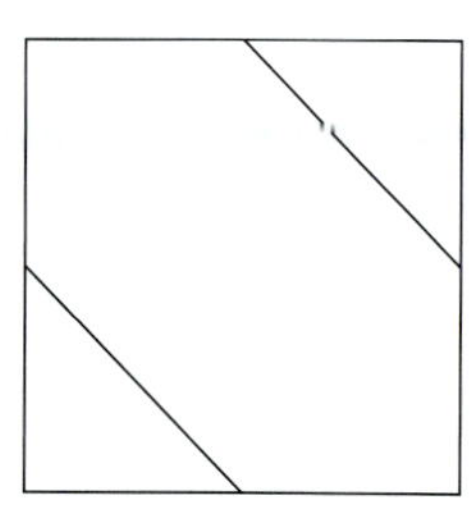

3 Ermittle die Umfänge und die Flächeninhalte durch Zerlegen.
Zusatzaufgabe: Ermittle die Flächeninhalte von zwei Figuren durch Ergänzen zu einem Viereck.

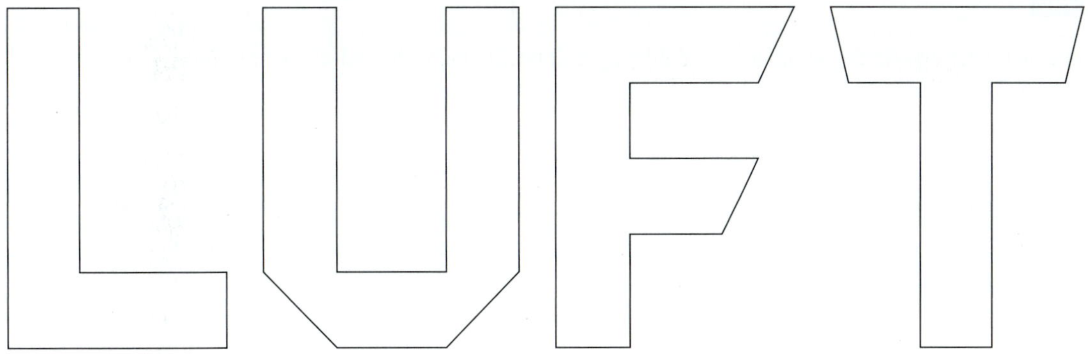

„L“ $u =$

$A =$

„U“ $u =$

$A =$

„F“ $u =$

$A =$

„T“ $u =$

$A =$

Anwenden und Vernetzen

4 Familie Groß möchte in die Wohnung, deren Grundriss hier abgebildet ist, umziehen.
Der Vermieter sagt, dass die monatliche Kaltmiete 5,50 € pro m^2 beträgt und mit 2,50 € pro m^2 Betriebskosten zu rechnen ist. Wie hoch ist die monatliche Miete für diese Wohnung?
Zusatzaufgabe: Verändere den Grundriss, sodass es ein Kinderzimmer gibt. Gib die Größen der Räume an.

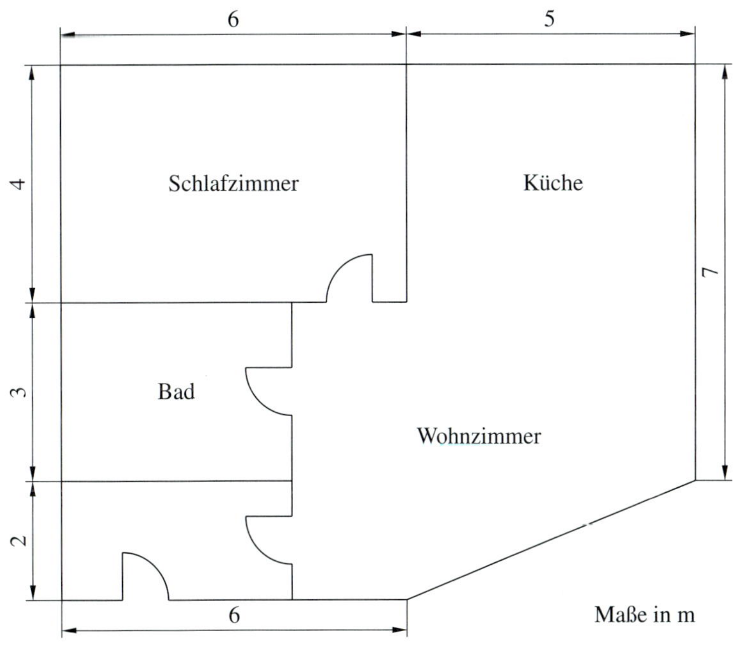

Gleichungen durch Probieren lösen

▶ Grundwissen

Setzt man in eine Gleichung für die Variable eine Zahl ein, so entsteht eine wahre oder eine falsche Aussage. Jede Zahl, die zu einer wahren Aussage führt, nennt man Lösung der Gleichung.

Beispiele: $2 \cdot x + 1 = 7$

Lösung: ____________

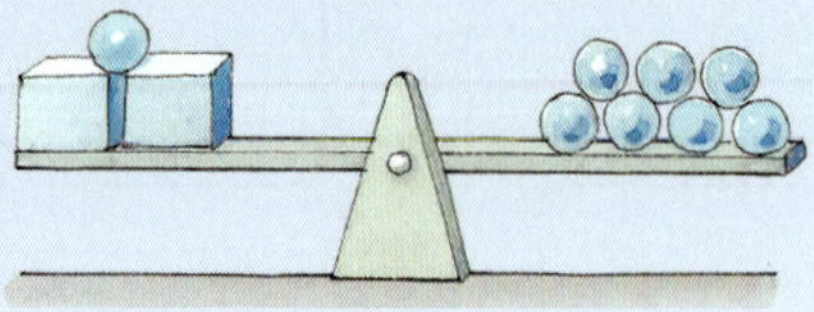

▶ Auftrag: Ergänze das Beispiel.

Trainieren

1 Setze in die Gleichungen für die Variablen die gegebenen Zahlen ein.
Gib jeweils an, ob die Zahl eine Lösung der Gleichung ist.

	$x + 7 = 12$	$3 \cdot x = 21$	$5 \cdot x - 2 = 3$
$x = 11$	☐ + 7 = ___ 11 ist ________ Lösung.	____________ 11 ist ________ Lösung.	____________ 11 ist ________ Lösung.
$x = 7$	☐ + 7 = ___ 7 ist ________ Lösung.	____________ 7 ist ________ Lösung.	____________ 7 ist ________ Lösung.
$x = 5$	☐ + 7 = ___ 5 ist ________ Lösung.	____________ 5 ist ________ Lösung.	____________ 5 ist ________ Lösung.
$x = 1$	☐ + 7 = ___ 1 ist ________ Lösung.	____________ 1 ist ________ Lösung.	____________ 1 ist ________ Lösung.

2 Löse die Gleichungen durch Probieren.
Hinweis: Rechne, wenn nötig, auf einem zusätzlichen Blatt.

a) $2 \cdot y + 7 = 91$ $y =$ ___

b) $x : 3 - 20 = 20$ $x =$ ___

c) $2x + 7 = 5x + 1$ $x =$ ___

d) $4 \cdot y = 300$ $y =$ ___

e) $40 - x = 28$ $x =$ ___

f) $7 + 8x = 9x + 7$ $x =$ ___

g) $x \cdot x = 4x$ $x =$ ___

h) $y \cdot 11 - 32 = 7y - 20$ $y =$ ___

i) $x : x = x \cdot x$ $x =$ ___

j) $4 \cdot x - 42 = 0$ $x =$ ___

k) $3y - 30 = 4y - 45$ $y =$ ___

l) $1\,000 : x + 200 = 205$ $x =$ ___

Lösungen zum Abstreichen:

0	1
2	3
4	12
13	15
42	75
50	100
120	200

3

Verbinde jeweils den Vogel mit der Lösung mit dem passenden Nest.

4 Suche mithilfe der Tabelle die Lösungen.
Hinweis: Alle Lösungen sind natürliche Zahlen und kleiner als 7.

a) Die Lösung der Gleichung $2a + 24 = 8a$ ist ______

a	1	2	3	4
$2a + 24$				
$8a$				

b) Die Lösung der Gleichung $(2b) : 3 = b - 3$ ist ______

b	3	6	9	12
$(2b) : 3$				
$b - 3$				

c) Die Lösung der Gleichung $7 \cdot c = 50 - 3c$ ist ______

c				
$7c$				
$50 - 3c$				

d) Die Lösung der Gleichung $d \cdot 11 + 24 = d \cdot 20 - 3$ ist ___

d				
$7d - 2$				
$5d + 4$				

Anwenden und Vernetzen

5 Gib jeweils die passende Gleichung an und löse sie.

a) Mia sagt: „Ich denke mir eine Zahl. Addiere ich zu ihr 17, erhalte ich 60."

____

b) Amelie sagt: „Subtrahiere ich von einer gedachten Zahl 50, bleiben 36 übrig."

____

6 Zum Knobeln: Setze die vorgegebenen Zahlen passend ein.
In gleiche Flächen kommen die gleichen Zahlen.
Hinweis: Nutze einen Bleistift. Überlege zuerst, mit welcher Aufgabe du anfängst.

a)

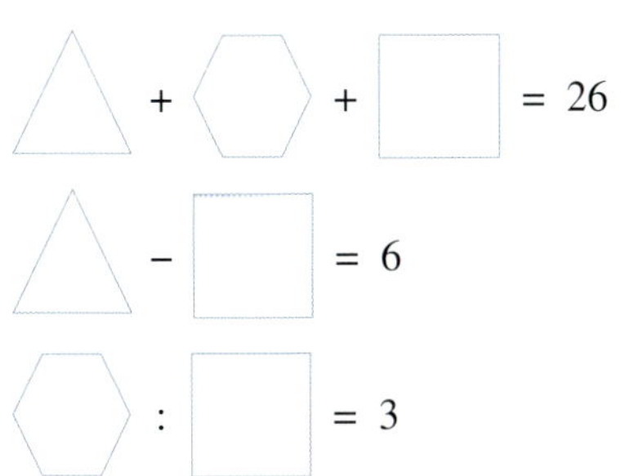

b)

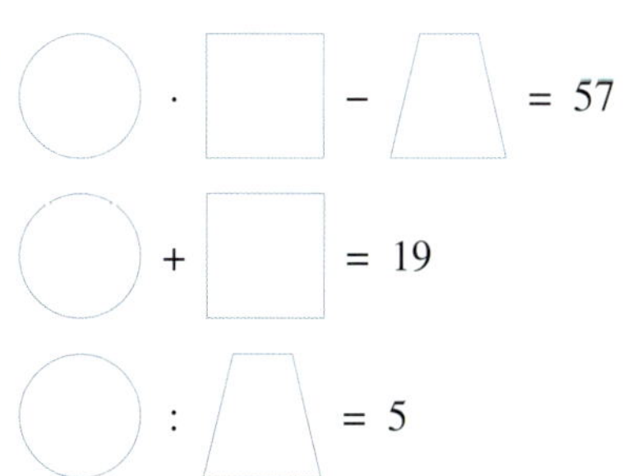

Gleichungen durch Umformen lösen

▶ Grundwissen

Gleichungen kann man mithilfe folgender Äquivalenzumformungen lösen.

• Ordnen und Zusammenfassen auf einer Seite vom Gleichheitszeichen	☐ wahr	☐ falsch
• Addieren oder Subtrahieren desselben Terms auf beiden Seiten	☐ wahr	☐ falsch
• Multiplizieren oder Dividieren mit demselben Term (außer 0) auf beiden Seiten	☐ wahr	☐ falsch
• Tauschen der Rechenzeichen auf beiden Seiten	☐ wahr	☐ falsch
• Tauschen beider Seiten	☐ wahr	☐ falsch

▶ Auftrag: Kreuze an.

Trainieren

1 Wie viele ◯ entsprechen x? Veranschauliche die Lösungsschritte und notiere passende Gleichungen.

a)

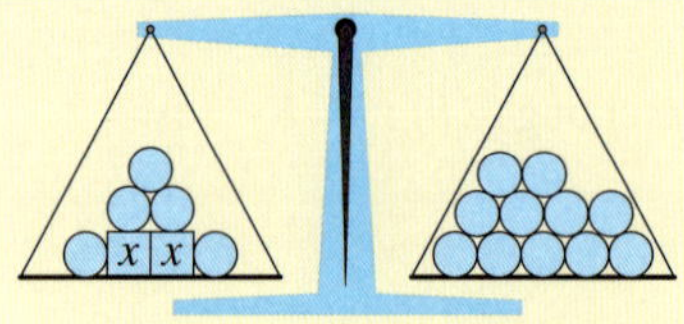

= |−5

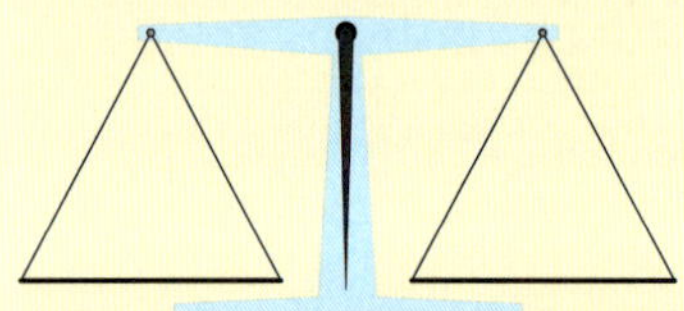

= |: 2

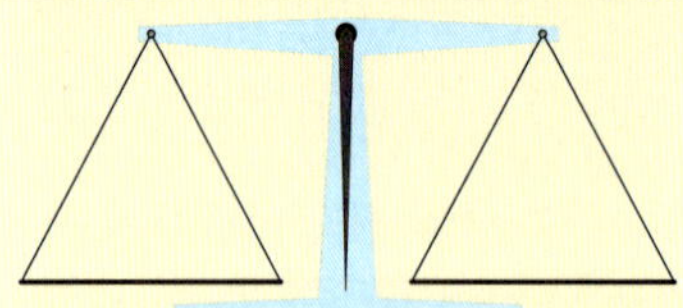

=

b)

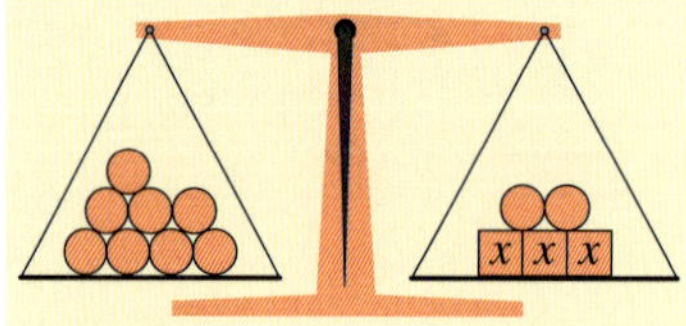

= |

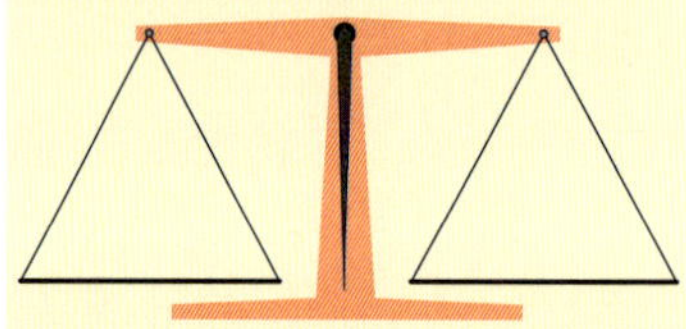

= |

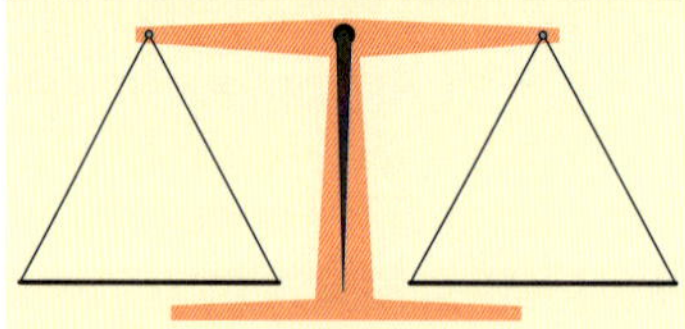

=

c)

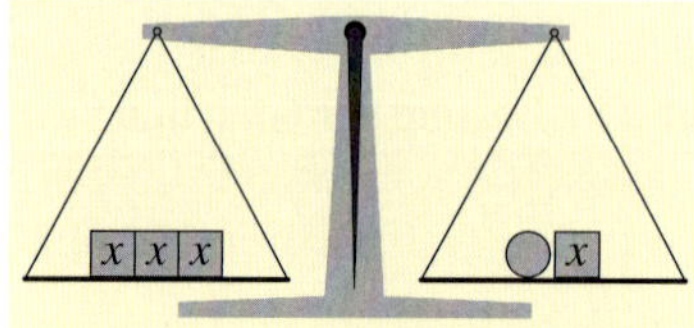

= |

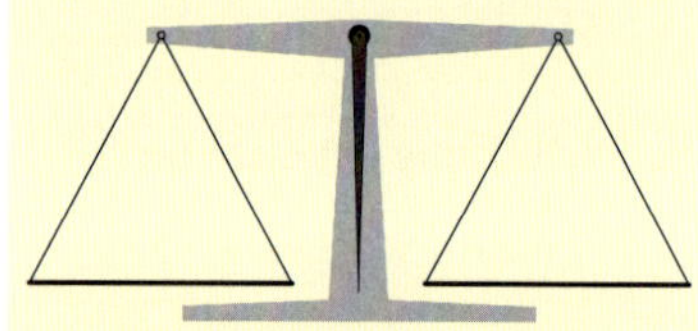

= |

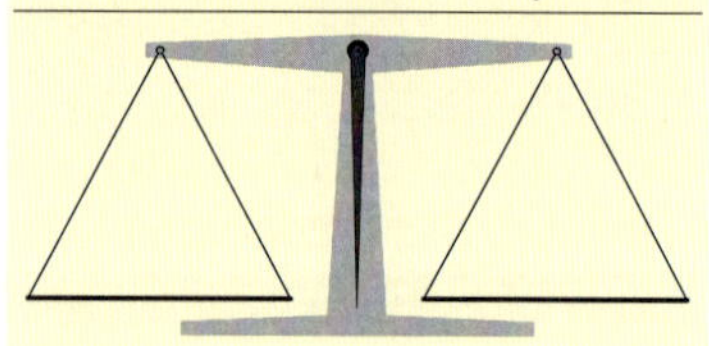

=

2 Gib jeweils die ausgeführten Äquivalenzumformungen an.

a) $5x + 9 = 37 + x$ | ___
$4x + 9 = 37$ | ___
$4x = 28$ | ___
$x = 7$

b) $6x - 3 = 10 + x - 3$ | ___
$5x - 3 = 7$ | ___
$5x = 10$ | ___
$x = 2$

c) $9 - 5x + 6 = -10x + 10$ | ___
$15 + 5x = 10$ | ___
$5x = -5$ | ___
$x = -1$

3 Ermittle die Lösungen.

a) $7x - 5 = 16$ | ___

b) $7x + 10 - 3x = 28$ | ___

c) $13 = 5x - 3 + 3x$ | ___

4 Löse die Gleichungen.

a) $8a + 5 = 29 - 4a$ b) $7b + 4 + 2b = 4b + 9$ c) $3 + c = -3 - 2c$

5 Berichtige die Schülerlösungen.
Unterstreiche die Fehler.

a)
$3x = -4x - 21 \quad | -4x$
$-x = -21 \quad | \cdot (-1)$
$x = 21$

b)
$12y + 6 = 27 + 9y \quad | -9y$
$3y + 6 = 27 \quad | :3$
$y + 6 = 9 \quad | -6$
$y = 3$

c)
$15a - 24 = a - 4 \quad | +4$
$15a - 28 = a \quad | -15a$
$-28 = -14a \quad | :(-14)$
$2 = a$

Anwenden und Vernetzen

6 Auf einem Bauernhof leben dreimal so viele Hühner wie Schweine.
Außerdem gibt es noch sechs Ziegen.
Anton hat aus Spaß die Beine aller Tiere gezählt, es sind 114.

a) Gib passende Terme an.
Hinweis: Einen Term mit x. Einen Term ohne x.

$4x$ steht für die Anzahl der Beine der Schweine.

________ steht für die Anzahl der Beine der Ziegen.

________ steht für die Anzahl der Beine der Hühner.

b) Ermittle, wie viele Hühner und Schweine es auf dem Bauernhof gibt.
Hinweis: Überprüfe dein Ergebnis am Text.

Sachaufgaben systematisch lösen

▶ Grundwissen

Sachaufgaben kann man in sechs Schritten lösen.

Beispiel: Zwei Winkel in einem Dreieck sind 57° und 48° groß. Berechne die Größe des dritten Winkels.

1. Schritt: Variable festlegen.	________ (steht für den dritten Winkel)
2. Schritt: Term(e) bilden.	$\alpha + 57° + 48° = \alpha + 105°$
3. Schritt: Gleichung aufstellen.	$\alpha + 105° = 180°$
4. Schritt: Gleichung lösen.	$\alpha + 105° = 180°$ | ________ $\alpha = 75°$
5. Schritt: Lösung prüfen.	75° + ________________
6. Schritt: Antwort formulieren.	________________

▶ **Auftrag:** Vervollständige das Beispiel.

Trainieren

1 Lege jeweils die Variable fest. Bilde Terme und stelle die Gleichung auf.

a) Wenn Moritz noch 6 € bekommt, hat er 100 €.

x steht für ________________

Gleichung: ________________

b) 125 Sticker wurden auf 20 Kinder verteilt. Jedes bekam gleich viele. Fünf blieben übrig. Wie viele bekam jedes Kind?

x steht für ________________

Gleichung: ________________

c) Beim Ausflug muss jeder Schüler 2,90 € für die Fahrkarte, 5,60 € für den Eintritt und 3,20 € für die Verpflegung zahlen. 304,20 € wurden bereits eingesammelt. Wie viele Schüler haben bereits bezahlt?

x steht für ________________

Gleichung: ________________

2 Noah bekommt ab 1. Januar für jeden Monat 10 € Taschengeld. Er spart jeweils ein Viertel davon.
Wann hat er 20 €?
Hinweis: Überlege, wie viel er jeweils am letzten und am ersten Tag eines Monats hat.

a) Lege die Variable fest. Bilde Terme und stelle die Gleichung auf.

x steht für ________________

Gleichung: ________________

b) Beurteile die Antworten. Kreuze an.

Im April hat er 20 € zusammen.	☐ passende Antwort	☐ richtig	☐ falsch
Ende Februar hat er 5 € gespart.	☐ passende Antwort	☐ richtig	☐ falsch
Am 1. Mai hat er 20 € zusammen.	☐ passende Antwort	☐ richtig	☐ falsch

3 Wie alt sind die Mädchen?

1. Schritt:	Variable festlegen.	x	steht für das Alter von Janne.
2. Schritt:	Terme bilden.	______	steht für das Alter des linken Mädchens.
		______	steht für das Alter der Zwillinge.
3. Schritt:	Gleichung aufstellen.	______	
4. Schritt:	Gleichung lösen.	______	
5. Schritt:	Lösung prüfen.	______	
6. Schritt:	Antwort formulieren.	______	

Anwenden und Vernetzen

4 Berechne das Alter von Henri und Jakob.
Henri sagt: „Mein Bruder ist doppelt so alt wie ich. Mein Opa ist viermal so alt wie mein Bruder. Werden alle unsere Alter addiert und verdoppelt, so ergibt das 220 Jahre."
Jacob sagt: „Meine Mama war 22, als ich geboren wurde. Mein Vater ist 5 Jahre älter als sie und heute halb so alt wie mein Opa. Mein Opa ist 80 Jahre alt."

5 Ein rechteckiges Blatt hat einen Umfang von 48 cm. Die eine Seite ist 2 cm länger als die andere.
Berechne die Seitenlängen und den Flächeninhalt des Blattes.

Begriffe der Prozentrechnung

▶ Grundwissen

In der Prozentrechnung unterscheidet man zwischen

Prozentwert *W*, (Größe eines Anteils) Prozentsatz *p* % (Anteil eines Ganzen) und Grundwert *G*. (Größe eines Ganzen)

Beispiele:

Ermittle 16 % von 50 Schülern.

Wie viel Prozent sind 7 Schüler von 20 Schülern?

50 Schüler sind bereits angemeldet. Das sind 20 %. Gib die Gesamtzahl an.

• Berechnung mit Dreisatz:

	Anteil (*p* %)	Schüler	
: 100	100 %	50	: 100
· 16	1 %	0,5	· 16
	16 %	8	

	Schüler	Anteil (*p* %)	
: 20	20	100 %	: 20
· 7	1	5 %	· 7
	7	35 %	

	Anteil (*p* %)	Schüler	
: 20	20 %	50	: 20
· 100	1 %	2,5	· 100
	100 %	250	

• Berechnung mit Formeln:

$W = \frac{G \cdot p}{100}$ $p\% = \frac{W}{G}$ $G = \frac{W \cdot 100}{p}$

$W =$ ______________ $p\% =$ ______________ $G =$ ______________

▶ Auftrag: Ergänze die Berechnungen mit Formeln.

Trainieren

1 Berechne mit dem Dreisatz.

a) Berechne 14 % von 20 l Wasser.

Anteil	Wasser

b) Wie viel Prozent sind 9 m von 200 m?

Länge	Anteil

c) 75 Perlen sind 25 % aller Perlen. Gib die Gesamtzahl an.

Anteil	Perlen

d) Berechne 80 % von 40 Punkten.

Anteil	Punkte

e) Gib 12 g von 250 g in Prozent an.

Masse	Anteil

f) 30 % sind 120 Teilnehmer. Gib die Gesamtzahl an.

Anteil	Teilnehmer

2 Berechne die fehlenden Größen mithilfe der Formeln.

G	790 l	5 267 m			1 432 m	16,3 ha	8,2 s		65 600 g
p %	5 %		119 %	47 %		96 %	0,98	12 %	
W		895 m	78,50 €	76,1 t	831 m			17,8 ml	1 312 g

3 Die Länge des schwarzen Rahmens stellt den Grundwert dar. Vervollständige die Angaben bzw. die Abbildungen.

a) Die Länge verringerte sich auf ______ 

b) Die Länge erhöhte sich auf 110 %. 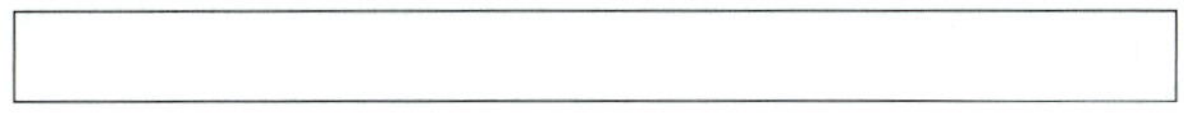

c) Die Länge nahm um 25 % ab. 

d) Die Länge nahm um ______ zu. 

4 Entscheide, ob ein Anstieg auf 110 % oder ein Anstieg um 110 % dargestellt wurde.

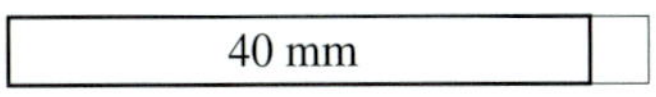

Anstieg ______ 110 %.

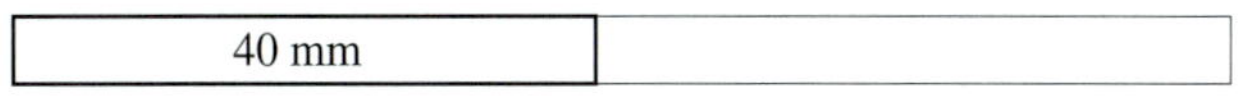

Anstieg ______ 110 %.

5 Berechne die fehlenden Größen.
Hinweis: Rechne wenn nötig auf einem zusätzlichen Blatt.

alter Preis	120,00 €	70,00 €		5,50 €	600,00 €	450,00 €
Verminderung um …	–					
Vermehrung um …	3 %			100 %		
neuer Preis	123,60 €	35,00 €	18,00 €			
Wachstumsfaktor	103 %		75 %		110 %	90 %

Anwenden und Vernetzen

6 Lilly und Arlo haben ihre Ergebnisse beim Würfeln aufgeschrieben.

	1	2	3	4	5	6
Lilly	卌 卌 ||	卌 卌 卌 |||	卌 卌 卌 ||	卌 卌 卌 卌	卌 卌 卌	卌 卌 卌 |||
Arlo	卌 卌 ||	卌 |	卌	卌 ||||	卌 卌 |||	卌 卌 卌

a) Wer hat prozentual am häufigsten eine Sechs gewürfelt?

______

b) Arol sagt: „Rund 16,67 % meiner 60 Würfe sollten eine Sechs werden.“
Berechne, wie viele Sechsen er erwartete.

______

c) Vergleiche das arithmetische Mittel und den Median der Ergebnisse beim Würfeln von Lilly mit denen von Arlo.

______

______

______

______

Begriffe der Zinsrechnung

▶ Grundwissen

In der Zinsrechnung sind die Bezeichnungen anders als in der Prozentrechnung, man unterscheidet zwischen

Jahreszinsen Z, (Prozentwert W)	Zinssatz $p\%$ (p. a.) (Prozentsatz $p\%$) und	Kapital K. (Grundwert G)

Beispiele:

Der Zinssatz für geduldete Überziehung beträgt 12 %. Berechne die Jahreszinsen für 50 €.	Für das Leihen von 200 € sind nach einem Jahr 40 € zu zahlen. Berechne den Zinssatz.	50 € Zinsen wurden nach einem Jahr gezahlt. Der Zinssatz war 2 % p. a. Berechne das Anfangskapital.

- Berechnung mit Dreisatz:

	Anteil ($p\%$)	Betrag in €	
	100 %	50	
: 100	1 %	0,5	: 100
· 12	12 %	6	· 12

	Betrag in €	Anteil ($p\%$)	
	200	100 %	
: 200	1	0,5 %	: 200
· 40	40	20 %	· 40

	Anteil ($p\%$)	Betrag in €	
	2 %	50	
: 2	1 %	25	: 2
· 100	100 %	2 500	· 100

- Berechnung mit Formeln:

$Z =$ ____________ $p\% =$ ____________ $K =$ ____________

$Z =$ ____________ $p\% =$ ____________ $K =$ ____________

▶ **Auftrag:** Ergänze die Formeln und die Berechnungen mit Formeln.

Trainieren

1 Ergänze die Zinssätze, die Jahreszinsen bzw. das Kapital.

a) Frau Arndt leiht sich für ein Jahr 50 € und zahlt dafür 3,00 € Zinsen bei einem Zinssatz von ____________

b) Frau Clas legt für ein Jahr 4 000 € an und erhält dafür 128,00 € Zinsen bei einem Zinssatz von ____________

c) Herr Drake leiht sich für ein Jahr 800 € zu einem Zinssatz von 12,5 % p. a. Seine Jahreszinsen betragen ____________

d) Herr Ernst leiht sich für ein Jahr 300 € zu einem Zinssatz von 11,5 % p. a. Seine Jahreszinsen betragen ____________

e) Frau Genz zahlte bei einem Zinssatz von 10 % nach einem Jahr 200 € Zinsen. Sie lieh sich demnach ____________

f) Herr John erhielt bei einem Zinssatz von 1,53 % nach einem Jahr 30,60 € Zinsen. Er legte demnach ____________ an.

2 Ergänze die Tabelle.

Z		900 €	456,75 €	565,11 €		121,75 €	0,12 €
$p\%$	13 %	7,5 %		13,5 %	0,5 %	0,25 %	
K	4 000 €		8 700 €		7 860 €		137,50 €

3 Färbe je zwei gleichartige Formeln gleich ein.

$p\% = \frac{Z}{K}$	$Z = \frac{p \cdot K}{100}$	$p\% = \frac{G}{W}$
$G = \frac{W \cdot 100}{p}$	$K = \frac{Z \cdot 100}{p}$	$W = \frac{p \cdot G}{100}$

4 Bankgeschäfte

a) Frau Schmidt erhielt nach einem Jahr 12,20 € Zinsen für 500 €.
Herr Len bekam bei einer anderen Bank nach einem Jahr 19,52 € Zinsen für 800 €.
Wer hatte den höheren Zinssatz?

b) Frau Bag legt Geld stets für ein Jahr an. Sie lässt sich jeweils am Ende der Laufzeit die Zinsen zusammen mit dem Anfangskapital auszahlen.
Dieses Jahr bekam sie 74,75 € Zinsen bei 2,3 % p. a. und im letzten Jahr waren es 72,00 € bei 2,4 % p. a.
Wie viel Euro hatte sie in den beiden Jahren angelegt?

c) Herr Reiner leiht sich für ein Jahr 2 599 € für 5,8 % p. a.
Berechne den Betrag, der nach einem Jahr an die Bank zu zahlen ist.

5 Ergänze die Sätze.
Hinweis: Prüfe jeweils, ob das Ergebnis stimmen kann, indem du damit eine der beiden gegebene Angabe berechnest.

a) Jana hat 560 € auf ihrem Konto. Sie erhält 3,1 % Zinsen p. a. Nach einem Jahr sind ______ auf dem Konto.

b) Familie Krüger hat einen Kredit für 7,2 % Zinsen p. a., 108,00 € Zinsen zahlen sie nach einem Jahr für ______

c) Der Zinssatz bei der X-Bank beträgt ______ p. a. und die nach einem Jahr zu zahlenden Zinsen 50,40 € bei einer Kreditsumme von 1 000 €. Die Bearbeitungsgebühr ist 1 %. Sie wird auf die Kreditsumme aufgeschlagen.

Anwenden und Vernetzen

6 Profitieren auch Sie von den Gewinnchancen der Börse mit Ihrem Sparkonto. Sie legen Ihr Geld für ein Jahr fest bei uns an. Wir gewähren Ihnen dafür einen Basiszins von einem Prozent.
Wenn die Börse zum Wochenende im Plus schließt (also um einige Prozent gestiegen ist), verzinsen wir Ihren Anlagebetrag zusätzlich mit dem gleichen Prozentsatz für diese sieben Tage rückwirkend am Jahresende, jedoch mit maximal 5 % zu Ihren garantierten 1 %.
Wenn die Börse Verluste macht, bekommen Sie nur den Basiszins.
Ihre dadada-Bank

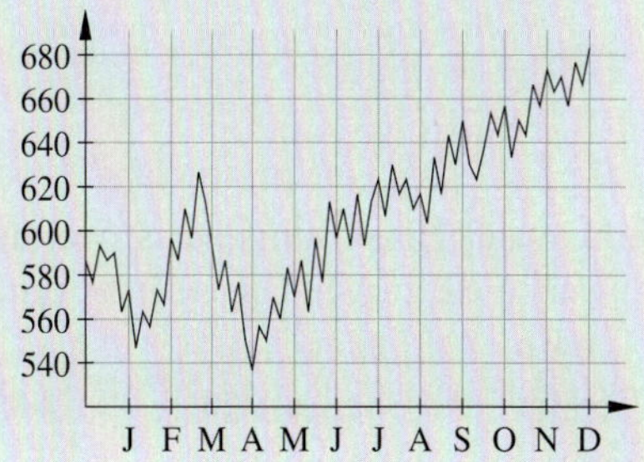

a) Mit welchem Zinssatz kann ein Anleger maximal rechnen? ______

b) Man kann sein Geld auch für 3 % p. a. anlegen. Ist dies eine interessante Alternative?

c) Der Börsenkurs ist in einem Jahr um 22 % gestiegen. Erläutere die Entwicklung des Sparguthabens.

Zinsen für unterschiedliche Anlagedauern

▶ Grundwissen

Durch Multiplizieren der Zinsen für ein Jahr mit dem Anteil des Jahres, für den Zinsen zu zahlen sind, erhält man Zinsen für unterschiedliche Anlagedauern. Oft gilt: 1 Monat = 30 Tage; 1 Jahr = 360 Tage.

Beispiel: 2 000 € werden mit 3 % p. a. verzinst.

- Zinsen für ein Jahr: $Z = \frac{K \cdot p}{100}$ — Zinsen für ______ $Z = \frac{2000\,€ \cdot 3}{100} = 60\,€$
- Zinsen für *d* Tage: $Z_d = \frac{K \cdot p}{100} \cdot \frac{d}{360}$ — Zinsen für ______ $Z = \frac{2000\,€ \cdot 3}{100} \cdot \frac{60}{360} = 60\,€ \cdot \frac{1}{6} = 10\,€$
- Zinsen für *m* Monate: $Z_m = \frac{K \cdot p}{100} \cdot \frac{m}{12}$ — Zinsen für ______ $Z = \frac{2000\,€ \cdot 3}{100} \cdot \frac{4}{12} = 60\,€ \cdot \frac{1}{3} = 20\,€$

▶ **Auftrag:** Ergänze im Beispiel die Anlagedauern.

Trainieren

1 Ergänze die Tabelle.

a) 10 000,00 € werden mit 3 % p. a. unterschiedlich lange verzinst. Berechne die Zinsen.
Hinweis: Überlege, wie man mit geringem Aufwand schnell zu den Ergebnissen kommt.

Kapital	10 000,00 €	10 000,00 €	10 000,00 €	10 000,00 €	10 000,00 €	10 000,00 €
Zinssatz p. a.	3 %	3 %	3 %	3 %	3 %	3 %
Anlagedauer	1 Jahr	30 Tage	72 Tage	3 Monate	5 Monate	halbes Jahr
Zinsen						

b) Berechne die Zinsen.

Kapital	7 500,00 €	7 400,00 €	2 500,00 €	2 500,00 €	750,00 €	500,00 €
Zinssatz p. a.	2 %	2,5 %	3,25 %	8 %	11,5 %	16,2 %
Anlagedauer	90 Tage	90 Tage	330 Tage	2 Monate	7 Monate	viertel Jahr
Zinsen						

2 Verbinde mit Linien mindestens zwei zusammenpassende Angaben zu Kapital, Zinssatz, Anlagedauer und Zinsen.
Hinweis: Fünf zusammenpassende Angaben sind zu finden.

Kapital	1 500,00 €	4 500,00 €	800,00 €	2 500,00 €	900,00 €	2 000,00 €
Zinssatz p.a.	12,2 %	5 %	2,5 %	3,25 %	12,5 %	0,5 %
Anlagedauer	viertel Jahr	90 Tage	90 Tage	144 Tage	2 Monate	2 Monate
Zinsen	45,75 €	25,00 €	45,00 €	1,67 €	7,50 €	116,67 €

3 Eine Bank bietet einen Zinssatz von 3,5 %, wenn 10 000,00 € für 3,5 Jahre angelegt werden.
Jeder Kunde kann entscheiden, ob seine Zinsen am Ende jedes Jahres ausgezahlt werden oder erst nach 3,5 Jahren.
Ergänze die Tabellen und berechne den Unterschied der insgesamt ausgezahlten Zinsen.

Zinsen werden am Ende jedes Jahres ausgezahlt		
	Zinsen	Kapital
Anfang		10 000,00 €
1 Jahr	350,00 €	
2 Jahre		
3 Jahre		
3,5 Jahre		

Zinsen werden erst nach 3,5 Jahren ausgezahlt		
	Zinsen	Kapital
Anfang		10 000,00 €
1 Jahr	350,00 €	
2 Jahre		
3 Jahre		
3,5 Jahre		

Anwenden und Vernetzen

4 Herr Zukunft hat ein Sparbuch mit gestaffelten Zinssätzen.
Am 1. Januar eines Schaltjahres (366 Tage) waren 5 850,00 € auf seinem Sparbuch.
Am 28. März hat er 890,00 € abgehoben und am 20. Dezember 1 980,00 €.
Am 7. Mai wurden 4 570,00 € eingezahlt, am 14. August 740,00 € und am 12. Oktober 580,00 €.

Berechne taggenau $\left(\frac{x}{366}\right)$ das Guthaben von Herrn Zukunft am 1. Januar des Folgejahres.

Zinssatz p. a.	Kapital
1,50 %	unter 1 000,00 €
2,00 %	über 1 000,00 € bis 5 000,00 €
2,50 %	über 5 000,00 € bis 10 000,00 €
2,75 %	über 10 000,00 € bis 20 000,00 €
3,00 %	über 20 000,00 € bis 50 000,00 €
3,50 %	über 50 000,00 €

Zeitraum	Kapital	Anlagezeit	Zinssatz p. a.	Zinsen
1. Januar bis 27. März	5 850,00 €	87 d	2,50 %	34,76 €

Prismen erkennen und beschreiben

▶ Grundwissen

Ein Prisma hat folgende Eigenschaften:
- Die Grund- und Deckfläche sind zueinander kongruente (deckungsgleiche) und parallele n-Ecke.
- Die Seitenflächen sind Rechtecke.
- Der Abstand zwischen Grund- und Deckfläche ist die Körperhöhe des Prismas.

Beispiel:

▶ Auftrag: Ergänze die Bezeichnungen auf den Linien.

Trainieren

1 Prismen?

a) Kreuze die Prismen an.

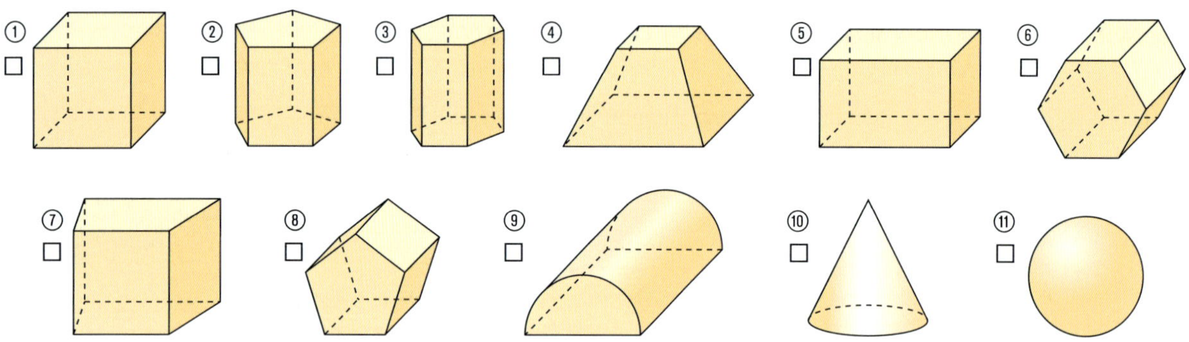

b) Welche der Buchstaben im Bild haben die Form eines Prismas?

Körper	H	O	L	Z	T	E	C	H	N	I	K
Prisma											

2 Welche der folgenden Flächen können die Grundfläche eines Prismas sein? Markiere sie.

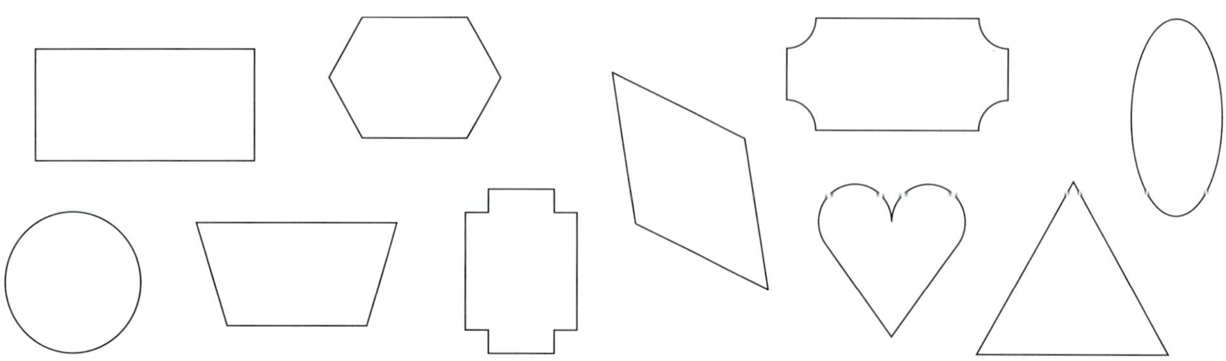

3 Netze

a) Kreuze die Netze von Prismen an. Markiere in den Netzen die Seitenflächen sowie die Grund- und die Deckflächen. Lege zuvor Farben fest. ☐ Seitenflächen ☐ Grund- und Deckfläche

b) Gib in der Zeichnung die Höhe der Prismen an.

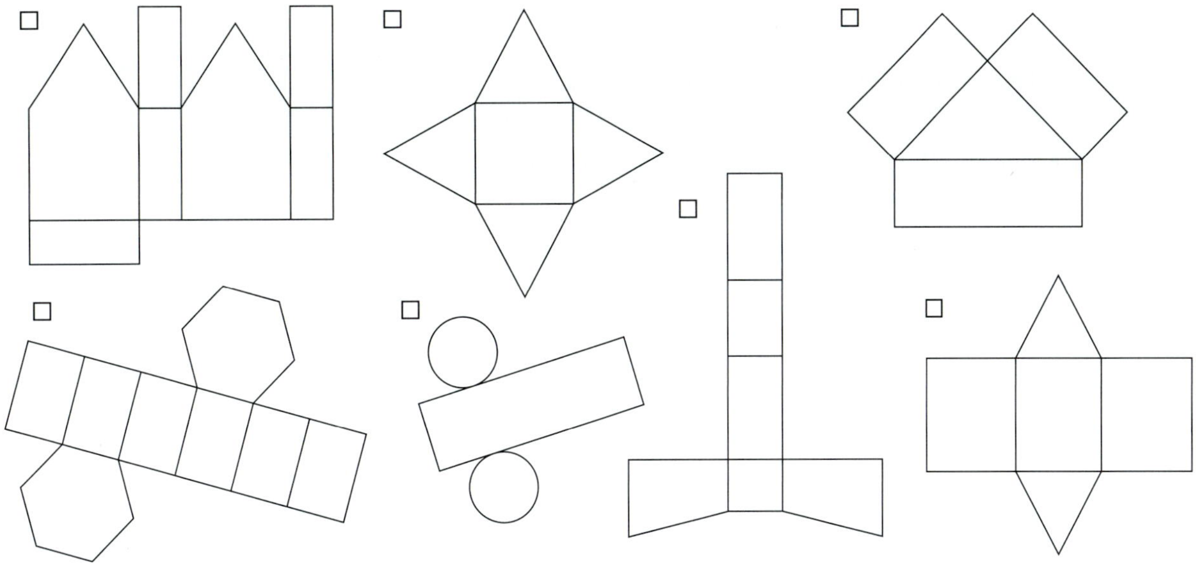

Anwenden und Vernetzen

4 Quaderförmige Holzstücke sind das Ausgangsmaterial für neue Körper.
Zeichne jeweils in das Schrägbild des Quaders die neuen Körper ein.

a) halb so großes, genauso hohes stehendes Prisma mit rechtwinkligem Dreieck als Grundfläche

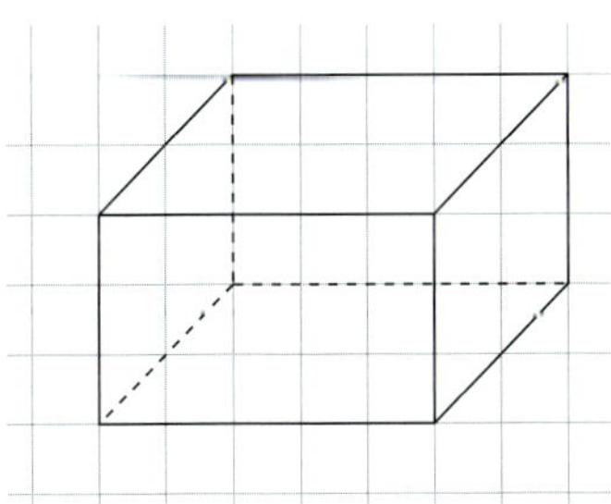

b) halb so großes, genauso hohes liegendes Prisma mit rechtwinkligem Dreieck als Grundfläche

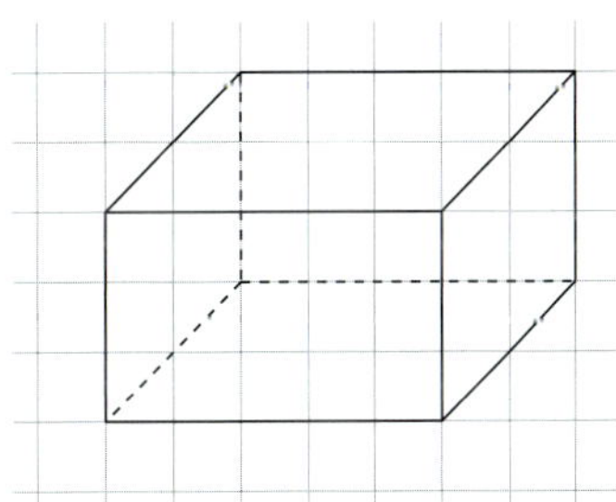

c) halb so großes, genauso hohes liegendes Prisma mit Trapez als Grundfläche

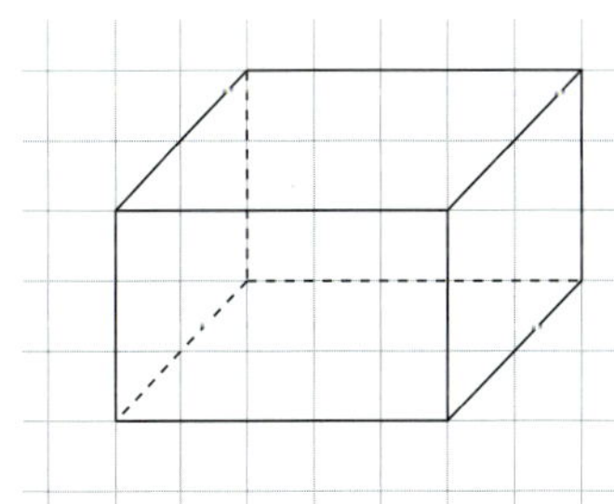

5 Ergänze die Tabelle und skizziere jeweils ein Schrägbild des Körpers.

Körper	Anzahl der …			Art der Begrenzungsflächen
	Ecken	Kanten	Flächen	
①				sechs Rechtecke, von denen jeweils genau zwei zueinander kongruent sind
②				zwei zueinander kongruente Dreiecke und drei zueinander kongruente Rechtecke
③				sechs zueinander kongruente Vierecke

①

②

③

Oberfläche von Prismen

▶ Grundwissen

- Die Oberfläche eines Prismas besteht aus dem Mantel M, der Grund- und der Deckfläche G.
- Für den Flächeninhalt vom Mantel M gilt: $M = S_1 + S_2 + \ldots + S_n = u \cdot h_k$
- Für den Oberflächeninhalt O gilt: $O = 2G + M$

Beispiel:

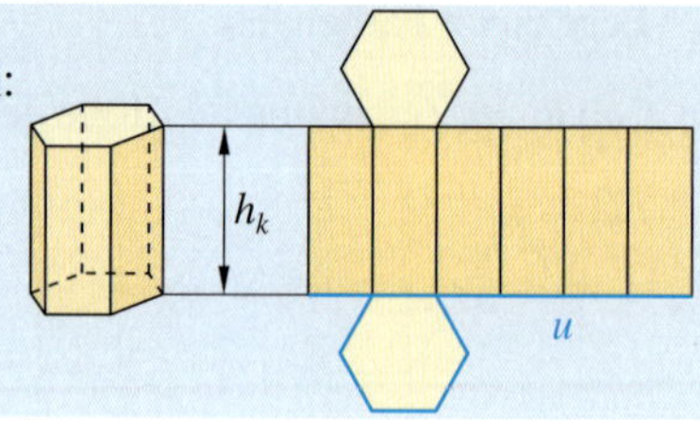

▶ **Auftrag:** Ergänze die Bezeichnungen M und G in der Abbildung.

Trainieren

1

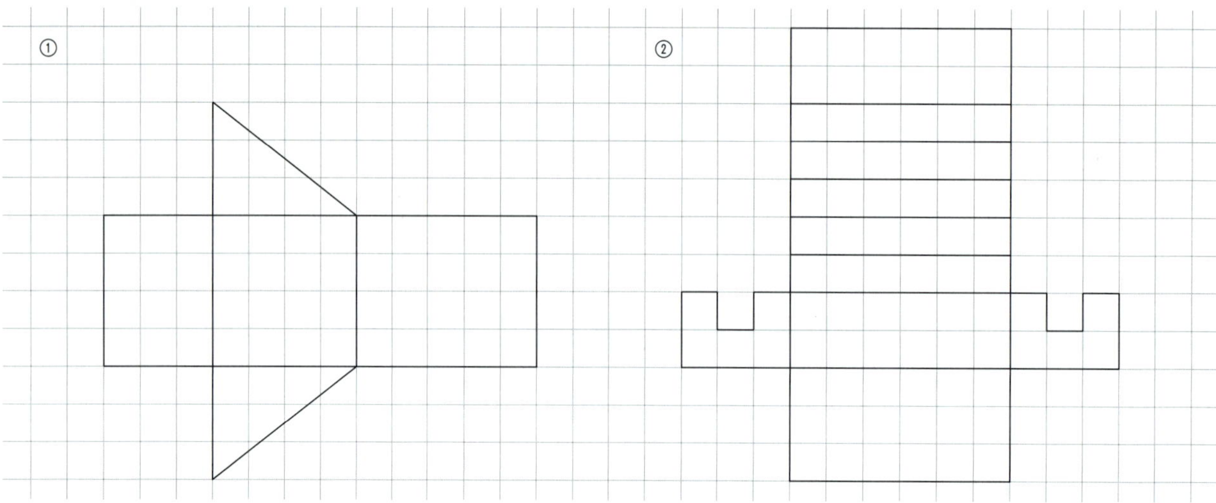

a) Markiere entsprechende Flächen und Strecken. Lege zuvor Farben fest.

☐ Mantel M ☐ Grund- und Deckfläche G
☐ Körperhöhe h_k ☐ Umfang der Grundfläche u

b) Ermittle die Größen.

	h_k	u	M	G	O
① dreiseitiges Prisma					
② achtseitiges Prisma					

2 Gib die Oberflächeninhalte auf volle Quadratzentimeter gerundet an. Miss die benötigten Größen in den Körpernetzen.

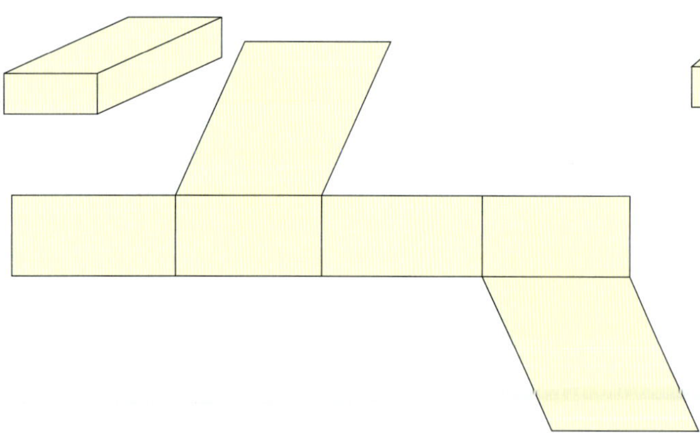

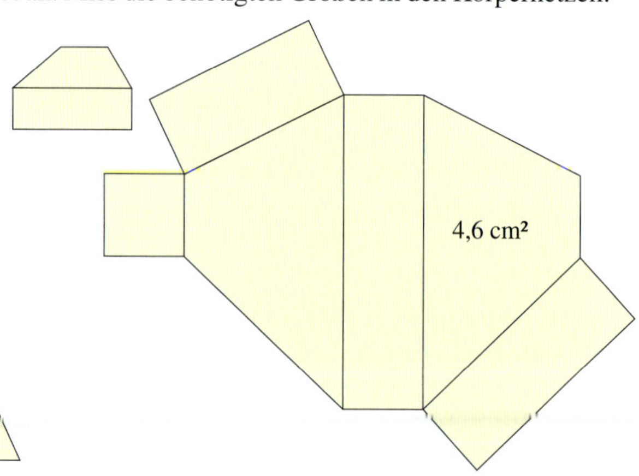

3 Die Grundflächen von 2 cm hohen Prismen wurden im Maßstab 1 : 1 abgebildet. Ergänze die Tabelle.
Hinweis: Rechne auf einem zusätzlichen Blatt.

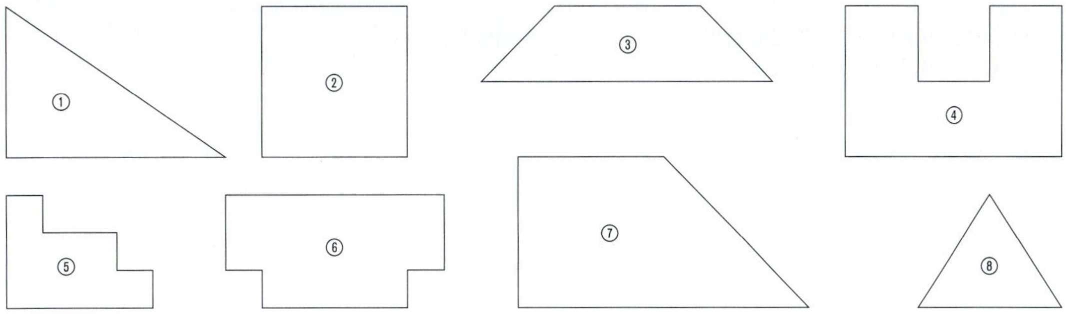

Prisma	①	②	③	④	⑤	⑥	⑦	⑧
Flächeninhalt der Grundfläche in cm^2								
Flächeninhalt der Mantelfläche in cm^2								
Flächeninhalt der Oberfläche in cm^2								

Anwenden und Vernetzen

4 Abgebildet sind zwei Grundflächen von 3 cm hohen Prismen.

a) Ergänze sie zu Schrägbildern.
Hinweis: Trage nach hinten verlaufende Kanten in einem Winkel von 45° und in halber Länge an.

b) Ermittle die Größe der Oberflächen. Runde auf Quadratzentimeter.

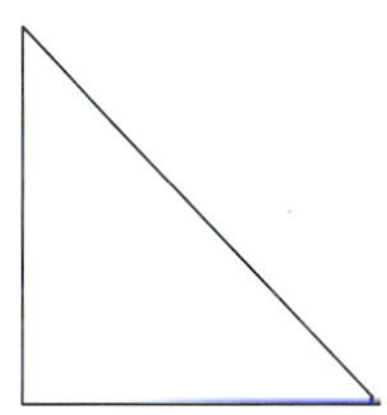

dreiseitiges Prisma: ______________________

____

____

vierseitiges Prisma: ______________________

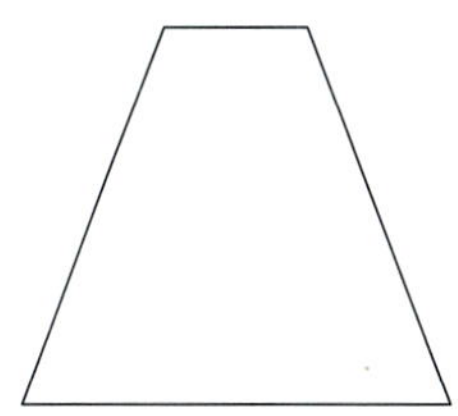

____

____

5 Zwei Eisenstützen für einen neuen Balkon sind 2,70 m lang. Sie haben die rechts abgebildete Grundfläche. Vor dem Einbau soll ihre Oberfläche mit Rostschutzmittel gestrichen werden. Die im Fachhandel angebotenen unterschiedlich großen Dosen reichen für 1,5 m^2 bzw. für 2 m^2.
Wie viele Dosen jeder Sorte sollten gekauft werden?

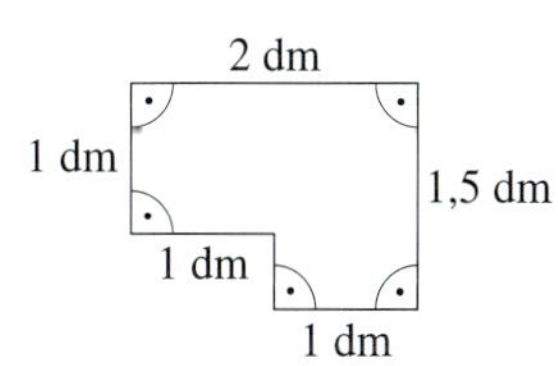

____

____

____

____

Volumen von Prismen

▶ Grundwissen

Das Volumen V eines Prismas ist das Produkt des Flächeninhalts der Grundfläche G und der Körperhöhe h_k.

$V = G \cdot h_k$

Beispiel:

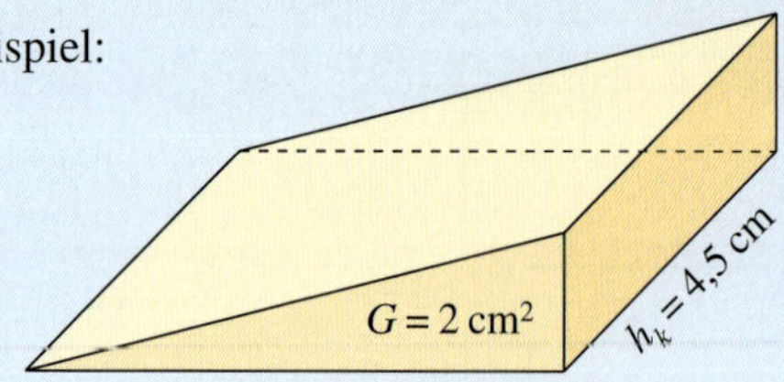

$V =$ ______________________

▶ **Auftrag:** Berechne das Volumen des Prismas.

Trainieren

1 Abgebildet sind Grundflächen von 4 cm hohen Prismen.

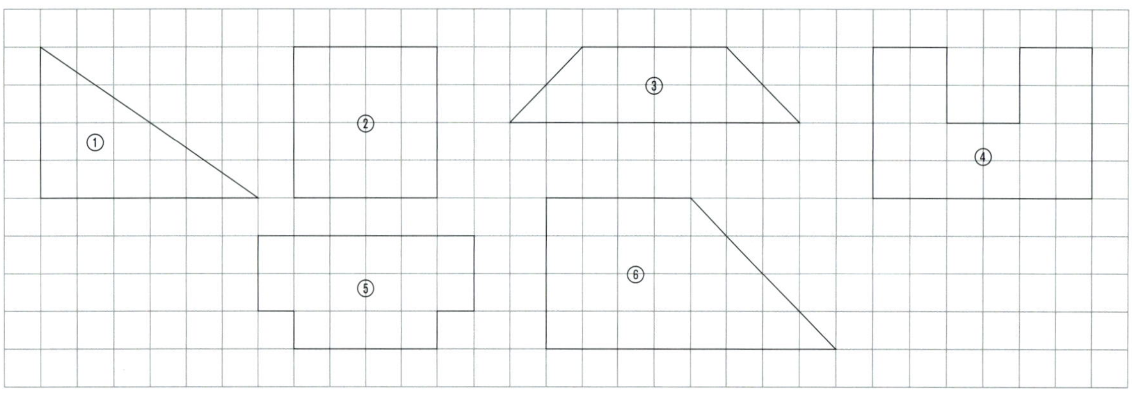

a) Ermittle die Flächeninhalte der abgebildeten Grundflächen mithilfe der Kästchen und berechne die Volumen.

Körper	①	②	③	④	⑤	⑥
Flächeninhalt der Grundfläche						
Körperhöhe	4 cm	4 cm	4 cm	4 cm	4 cm	4 cm
Volumen						

b) Ein Prisma soll jeweils die abgebildete Grundfläche und ein Volumen von 24 cm^3 haben. Ergänze die Flächeninhalte der Grundflächen und ermittle die Körperhöhen.

Körper	①	②	③	④	⑤	⑥
Flächeninhalt der Grundfläche						
Körperhöhe						
Volumen	24 cm^3	24 cm^3	24 cm^3	24 cm^3	24 cm^3	24 cm^3

c) Ergänze jeweils die fehlende Größe des Prismas.

Flächeninhalt der Grundfläche	4 m^2	4 mm^2	1,2 dm^2	15 cm^2		
Körperhöhe	2,5 m	17 mm			0,8 dm	1,3 m
Volumen			9,6 dm^3	31,5 cm^3	0,32 dm^3	1,69 m^3

2 Berechne den Flächeninhalt der Grundfläche G und das Volumen V.

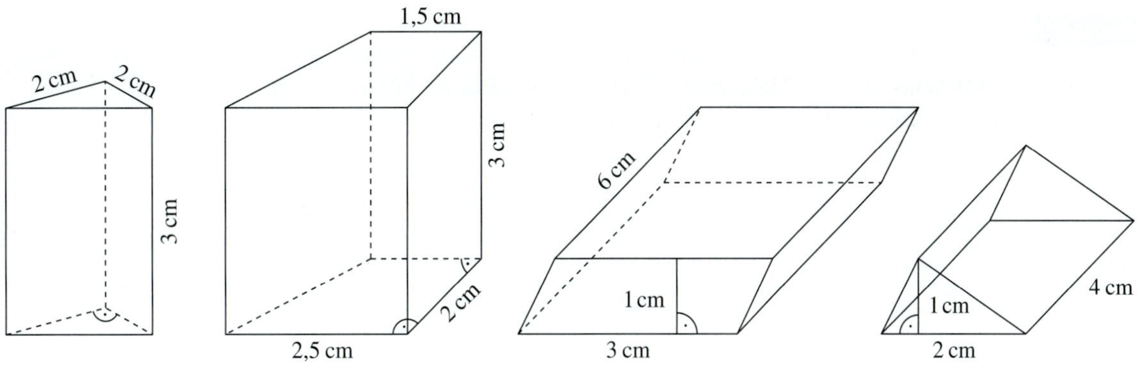

G = ________ G = ________ G = ________ G = ________

________ ________ ________ ________

V = ________ V = ________ V = ________ V = ________

Anwenden und Vernetzen

3 Überschlage, wie viel Luft das abgebildete Zelt fasst.
Kreuze an.

☐ $0{,}4\ m^3$ ☐ $0{,}8\ m^3$ ☐ $4\ m^3$ ☐ $10\ m^3$

☐ $15\ m^3$ ☐ $400\ dm^3$ ☐ $800\ dm^3$ ☐ $10\,000\ dm^3$

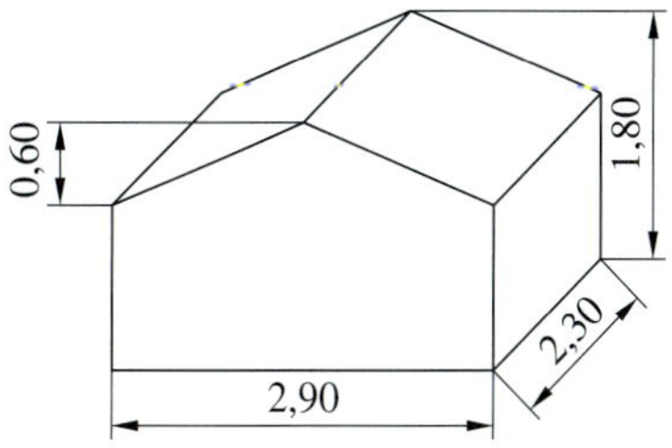

4 Aus einem quaderförmigen Styroporteil mit 1,5 cm, 4 cm und 6 cm langen Kanten wurden Teile ausgestanzt.
Der fertige Körper ist im Bild dargestellt.

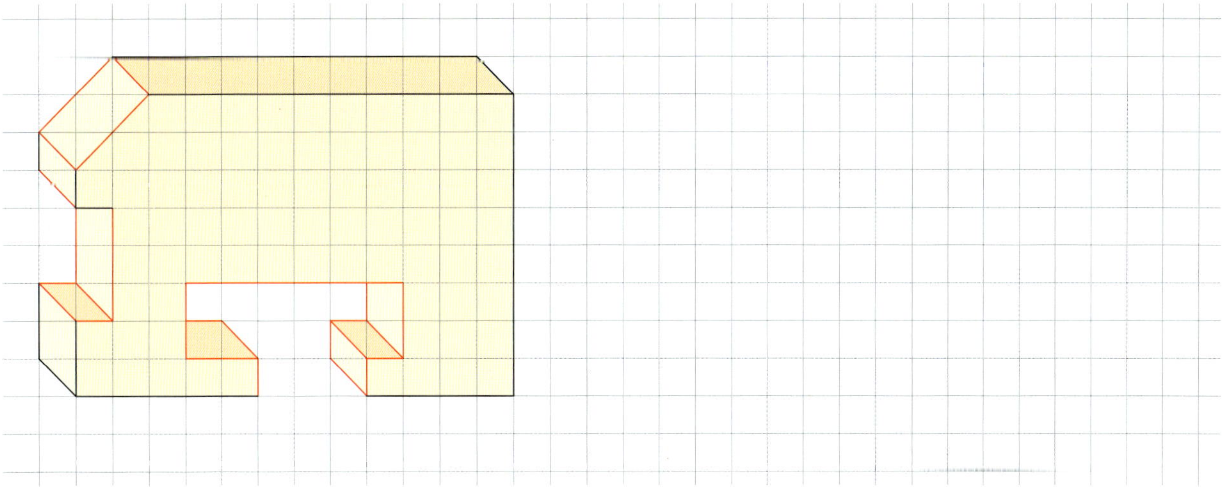

a) Zeichne jeweils ein Schrägbild von jedem der drei ausgestanzten Teile rechts neben den fertigen Körper.

b) Berechne die Volumen der drei ausgestanzten Teile und des fertigen Körpers.

dreiseitiges Prisma: V = ________

vierseitiges Prisma: V = ________

achtseitiges Prisma: V = ________

fertiger Körper: V = ________

Klammern auflösen und setzen

▶ Grundwissen

Verteilungsgesetz (Distributivgesetz): Man kann eine Zahl mit einer Summe multiplizieren, indem man diese Zahl mit jedem Summanden multipliziert und die Produkte addiert.
Dieses Gesetz kann auch in umgekehrter Richtung angewandt werden.

Verteilungsgesetz: $a \cdot (b+c) = a \cdot b + a \cdot c$ Umkehrung: $a \cdot b + a \cdot c = a \cdot (b+c)$

Beispiele:

$2 \cdot (10+7) =$ ____ $2 \cdot 10 + 2 \cdot 7 =$ ____

$-2 \cdot (b+c) =$ ____ $-2b - 2c =$ ____

$(b+c) \cdot 2x =$ ____ $2bx + 2cx =$ ____

▶ **Auftrag:** Vervollständige die Beispiele.

Trainieren

1 Setze „=“ bzw. „≠“ ein und unterstreiche, wenn möglich, im rechten Term den Fehler.

a) $2 \cdot (6+4)$ ☐ $2 \cdot 6 + 2 \cdot 4$
b) $k \cdot (6+4)$ ☐ $4k + 6k$
c) $2k - 8sk$ ☐ $2k(1-4s)$
d) $3x - 2sx$ ☐ $\frac{1}{2}x(6-4s)$
e) $2a + 5b$ ☐ $2 \cdot (a-b)$
f) $-2k \cdot (3+4)$ ☐ $-6k + 8k$
g) $2sk - 4s$ ☐ $2sk(1-4)$
h) $-\frac{1}{2}y(-6-s)$ ☐ $3y + \frac{1}{2}sy$
i) $2 + 6b$ ☐ $2 \cdot (1-3b)$
j) $2k(1+2s) \cdot 2$ ☐ $4k + 8sk$
k) $6sk - 4ks$ ☐ $2sk(3-1)$
l) $-\frac{1}{2}y + sy$ ☐ $y\left(s - \frac{1}{2}\right)$

2 Setze zuerst jeweils für jede Variable eine andere Zahl ein.
Trage danach „=“ bzw. „≠“ ein.

a) $a \cdot (2b - c)$ ☐ $2ab - ac$

$1 \cdot (2 \cdot 2 - 5) = 2 \cdot 1 \cdot 2 - 1 \cdot 5$

$-1 = -1$

b) $3x \cdot (6y + 4z)$ ☐ $12xy + 6xz$

____

____

c) $2ml - 8mn$ ☐ $2m(2l - 4m)$

____

____

d) $0{,}3xy - 0{,}2x$ ☐ $\frac{1}{10}x(3y-2)$

____

____

3 Löse die Klammern auf.

a) $5 \cdot (3x+4) =$ ____
b) $-20(4a + 4b - 3c) =$ ____
c) $\frac{1}{3} \cdot (9a - 3b + 300) =$ ____
d) $(12z - 1) \cdot 5xy =$ ____
e) $-0{,}5h(h - 2f + 4h^2) =$ ____
f) $-0{,}2st(8u - 7st) =$ ____

4 Ergänze den Faktor.

a) $72 - 45k =$ ____ $\cdot (8 - 5k)$
b) $3y^2 + 3y =$ ____ $\cdot (y+1)$
c) $-36v + 24v^2 =$ ____ $\cdot (3 - 2v)$
d) $56a^2b + 112a^3 =$ ____ $\cdot (b + 2a)$
e) $0{,}25p^2q^3 - 0{,}75p^3 =$ ____ $\cdot (q^3 - 3p)$
f) $2x^2yz - 8xy^2z + 6xyz^2 =$ ____ $\cdot (x - 4y + 3z)$

5 Finde Terme, die durch Ausmultiplizieren bzw. Ausklammern ineinander überführt werden können. Markiere sie mit der gleichen Farbe.
Hinweis: Du benötigst drei Farben.

$3x^2 + 12xy - 36xyz$	$3(x^2 - 4xy + 12xyz)$
$3x(x + 4y - 12yz)$	$xy(3x + 12 - 36z)$
$3(x^2 + 4xy - 12xyz)$	$x(3x + 12y - 36yz)$
$3x^2 - 12xy + 36xyz$	$(3x^2y + 12xy - 36xyz)$
$(0{,}25x + y - 3yz) \cdot 12x$	$(-3x^2 - 12xy + 36xyz) \cdot (-1)$

6 Klammere einen möglichst großen gemeinsamen Term aus.

a) $22x - 22y + 22z =$ ______
b) $22ax - 22ay + 22az =$ ______
c) $22x - 33y + 44z =$ ______
d) $12bx - 18by + 30bz =$ ______
e) $32rst - 48stw + 8st =$ ______
f) $-48ab - 12ca - 36az =$ ______
g) $-y^3 - y =$ ______
h) $-1{,}2v^2 - 1{,}8v^4 + 7{,}2uv^2 =$ ______

Anwenden und Vernetzen

7 Kreuze jeweils alle zur Berechnung des Oberflächeninhalts vom Körper geeigneten Terme an.

a) Würfelnetz

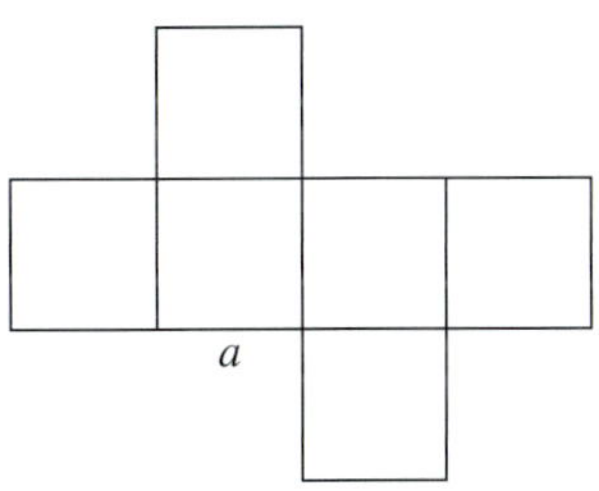

☐ $6a^2$
☐ $4a^2 + 2a^2$
☐ $3(a^2 + a^2)$
☐ $6 + (a \cdot a)$
☐ $a \cdot (a + a + a + a + a + a)$
☐ $6 - (a \cdot a)$
☐ $6(a^2 + a^2 + a^2 + a^2 + a^2 + a^2)$

b) Quadernetz

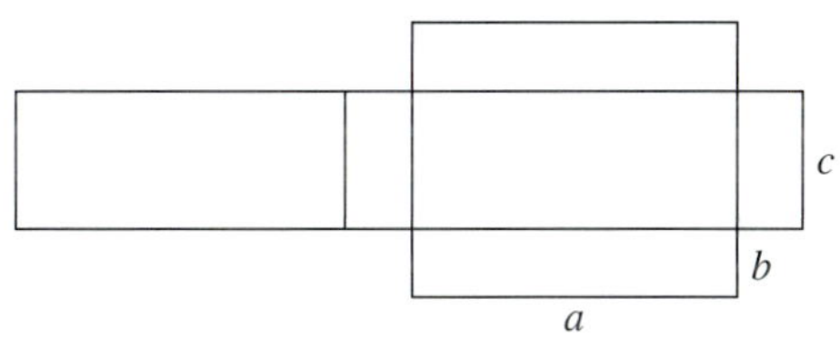

☐ $2(a^2 + b^2 + c^2)$
☐ $(a + b + a + b) \cdot c + 2ab$
☐ $(2a + 2b) \cdot c + 2ab$
☐ $2a \cdot b + 2b \cdot c + 2a \cdot c$
☐ $(a \cdot b + b \cdot c + a \cdot c) \cdot 2$
☐ $a \cdot b + b \cdot c + a \cdot c + a \cdot b + a \cdot b + a \cdot b$
☐ $a \cdot b + b \cdot c + a \cdot c + a \cdot b + b \cdot c + a \cdot c$

8 Schreibe zuerst zwei Terme zur Berechnung des Volumens des Körpers auf.
Berechne danach das Volumen für $a = 2\,\text{cm}$ mit deinen beiden Termen.

______

______

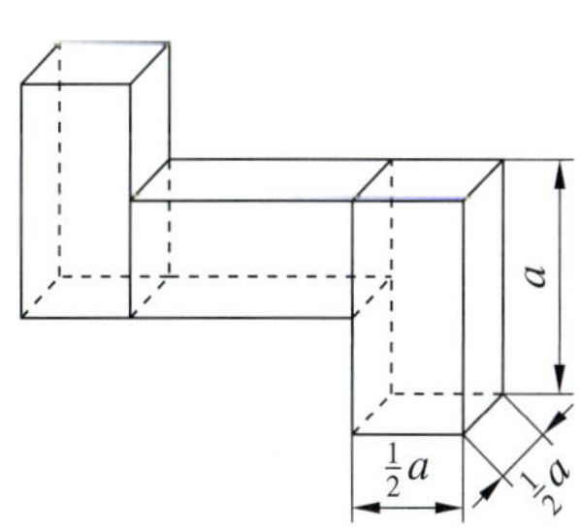

Summen multiplizieren

▶ Grundwissen

Beim Multiplizieren zweier Summen wird jeder Summand der ersten Summe mit jedem Summanden der zweiten Summe multipliziert. Die vier Produkte werden addiert.

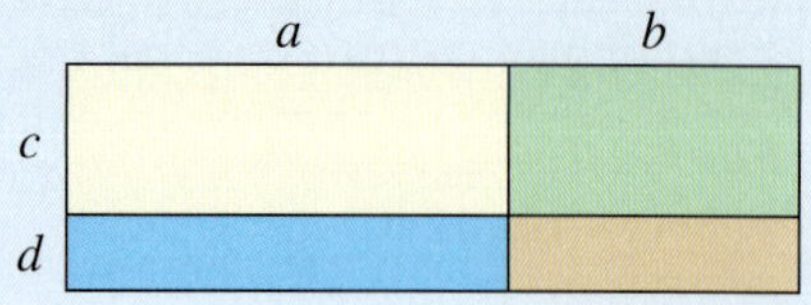

Beispiel: $(a+b)\cdot(c+d) = a\cdot c + a\cdot d + b\cdot c + b\cdot d$

▶ Auftrag: Schreibe die Produkte in die entsprechenden Rechtecke.

Trainieren

1 Gib jeweils zur Berechnung des Flächeninhalts einen Term mit Klammern und einen Term ohne Klammern an.
Hinweis: Schreibe die Produkte in die entsprechenden Rechtecke.

a)
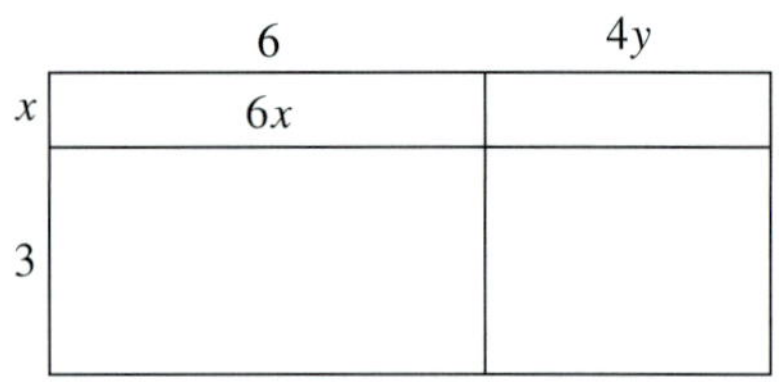

b)
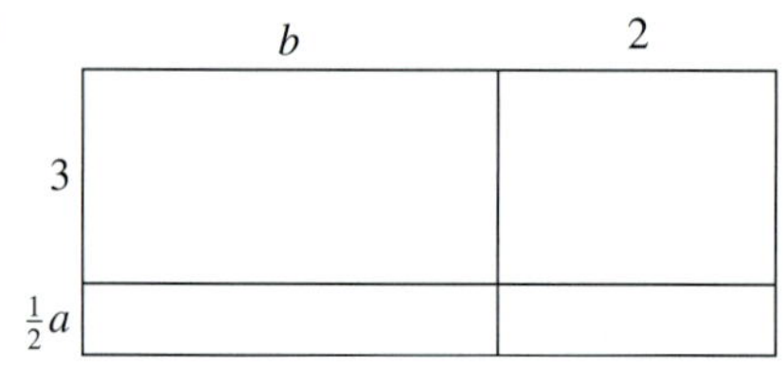

c)
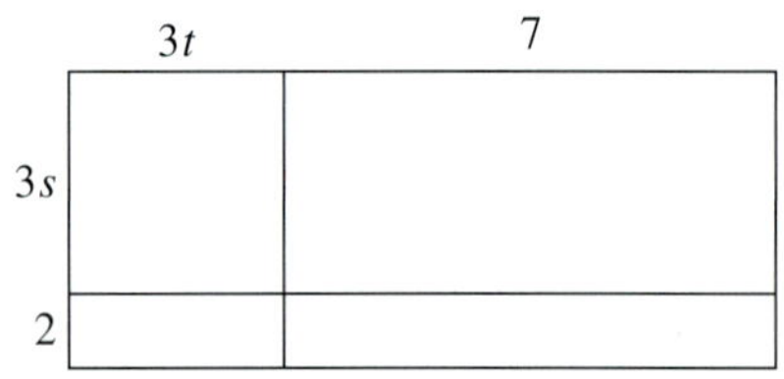

d)
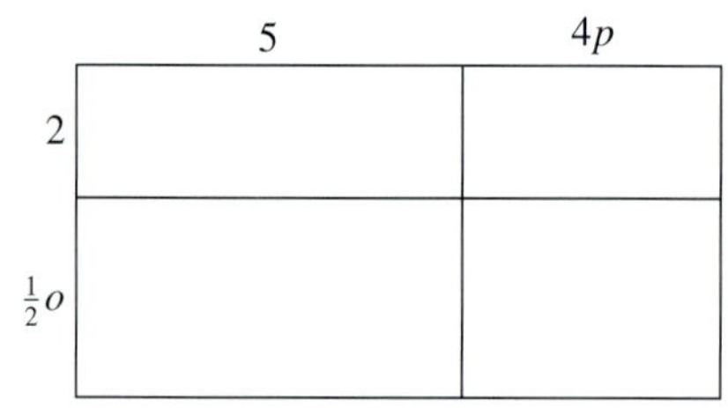

2 Multipliziere.

a) $(1+h)\cdot(5+e) =$ ________

b) $(a+h)\cdot(5+a) =$ ________

c) $(2+b)\cdot(5-g) =$ ________

d) $(-h-7)\cdot(4+f) =$ ________

e) $(9-z)\cdot(3-2y) =$ ________

f) $(-1-2h)\cdot(-5h-e) =$ ________

g) $(3d+7s)\cdot(8-6s) =$ ________

h) $(-5k-4l)\cdot(-5o-3n) =$ ________

3 Setze „+“ und „–“ so ein, dass wahre Aussagen entstehen.

a) $(10+l)\cdot(6+2m) = 60\ \square\ 20m\ \square\ 6l\ \square\ 2lm$

b) $(-5s+3)\cdot(4+5t) = -20s\ \square\ 25st\ \square\ 12\ \square\ 15t$

c) $(6\ \square\ h)\cdot(11-2g) = 66\ \square\ 12g - 11h\ \square\ 2gh$

d) $(-2h\ \square\ 8)\cdot(9\ \square\ 5f) = -18h - 10hf - 72\ \square\ 40f$

e) $(2\ \square\ a)\cdot(3\ \square\ b) = 6 - 2b\ \square\ 3a - ab$

f) $(a\ \square\ 4)\cdot(5\ \square\ c) = 5a - ac\ \square\ 20 - 4c$

Rechenzeichen zum Abstreichen:

+	+	+
+	+	+
+	+	+
+	+	+
–	–	–
–	–	–

4 Welche Terme wurden vermutlich miteinander multipliziert?

a) $(\square + \square)\cdot(\square + \square) = 7a + ac + 7b + bc$

b) $(\square + \square)\cdot(\square + \square) = 36 + 12b + 3a + ab$

c) $(\square + \square)\cdot(\square - \square) = 10 - 2c + 5b - bc$

d) $(\square - \square)\cdot(\square + \square) = 32a + 8ab - 28 - 7b$

e) $(\square - \square)\cdot(\square - \square) = 9ab - 18a^2 - b^2 + 2ab$

f) $(\square - \square)\cdot(\square - \square) = 9ac + ae + 18bc + 2be$

g) $(\square + \square)\cdot(\square - \square) = 36a - 54ab + 16b - 24b^2$

h) $(\square - \square)\cdot(\square - \square) = 30ab + 30a^2 + 8bc + 8ac$

Terme zum Abstreichen:

2	3	4
4	5	7
7	12	
a	a	$-a$
b	b	b
b	b	b
c	c	e
$2a$	$2a$	$8a$
$9a$	$9a$	$-15a$
$2b$	$-2b$	$4b$
$6b$	$4c$	$-9c$

5 Verbinde zueinander passende Terme mit Linien.

$(7a + 5b)\cdot(0{,}5a - 7)$	$49a - 35ab - 2{,}5b + 3{,}5$
$(7a - 5b)\cdot(7 - 0{,}5a)$	$3{,}5a^2 + 35ab - 3{,}5a - 35b$
$(0{,}5a + 5b)\cdot(7a - 7)$	$3{,}5a^2 - 49a + 2{,}5ab - 35b$
$(7 - 5b)\cdot(7a + 0{,}5)$	$3{,}5a^2 + 35ab + 35b + 3{,}5a$
$(0{,}5a + 5b)\cdot(7a + 7)$	$-3{,}5a^2 + 2{,}5ab - 35b + 49a$

Anwenden und Vernetzen

6 Bewerte zuerst die Vorschläge zur Berechnung des Flächeninhaltes des Bildes.
Erkläre danach, wie man auf die richtig aufgestellten Terme kommen kann.
Zusatzaufgabe: Ermittle weitere passende Terme.

Saskia: $(a - 2x)\cdot(b - 2x)$ __________

Larissa: $ab - ((a - x)\cdot(b - x))$ __________

Clemens: $ab - (2xb + 2x\cdot(a - 2x))$ __________

Tom: $(a + x)\cdot(b - x)$ __________

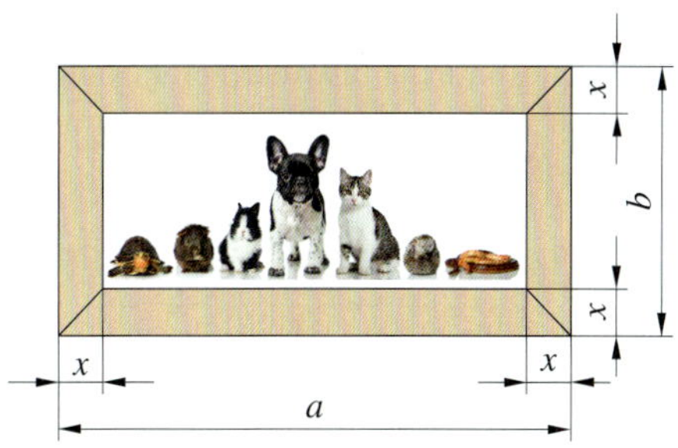

Binomische Formeln

▶ Grundwissen

Die drei binomischen Formeln sind Sonderfälle der Multiplikation von Termen.

1. binomische Formel
$(a+b)^2 = a^2 + 2ab + b^2$

2. binomische Formel
$(a-b)^2 = a^2 - 2ab + b^2$

3. binomische Formel
$(a+b) \cdot (a-b) = a^2 - b^2$

Beispiele:

$(7+c)^2 = \underline{\qquad\qquad}$

$(7-e)^2 = \underline{\qquad\qquad}$

$(7+g) \cdot (7-g) = \underline{\qquad\qquad}$

$(\underline{\qquad} + 1)^2 = 4d^2 + 4d + 1$

$(\underline{\qquad} - 2)^2 = 9f^2 - 12f + 4$

$(\underline{\qquad}) \cdot (3h - 9) = 9h^2 - 81$

▶ Auftrag: Vervollständige die Beispiele.

Trainieren

1 Ergänze mithilfe der 1. binomischen Formel.

a) $(3+h) \cdot (3+h) = \underline{\qquad\qquad}$

b) $(5x+y) \cdot \underline{\qquad} = 25x^2 + 10xy \underline{\qquad}$

c) $(z+10)^2 = \underline{\qquad\qquad}$

d) $(9s + \underline{\qquad})^2 = \underline{\qquad\qquad} + 4t^2$

2 Ergänze mithilfe der 2. binomischen Formel.

a) $(6-c) \cdot (6-c) = \underline{\qquad\qquad}$

b) $(2x-4y) \cdot \underline{\qquad} = 4x^2 - 16xy \underline{\qquad}$

c) $(5a-3b)^2 = \underline{\qquad\qquad}$

d) $(7y - \underline{\qquad})^2 = \underline{\qquad\qquad} + 4z^2$

3 Ergänze mithilfe der 3. binomischen Formel.

a) $(7a-b) \cdot (7a+b) = \underline{\qquad\qquad}$

b) $(3c+10d) \cdot (\underline{\qquad}) = 9c^2 - \underline{\qquad}$

c) $\underline{\qquad\qquad} = 0{,}25\,o^2 - 64p^2$

d) $(0{,}2s \underline{\qquad}) \cdot (0{,}2s + \underline{\qquad}) = \underline{\qquad}\, s^2 - 121t^2$

4 Forme mithilfe der binomischen Formeln die Produkte um.

a) $(3+t)^2 = \underline{\qquad\qquad}$

b) $(7-a) \cdot (7+a) = \underline{\qquad\qquad}$

c) $(k-6)^2 = \underline{\qquad\qquad}$

d) $(5s-2)^2 = \underline{\qquad\qquad}$

e) $(4a+2b)^2 = \underline{\qquad\qquad}$

f) $(-5+e) \cdot (-5-e) = \underline{\qquad\qquad}$

g) $(3u-4v) \cdot (3u-4v) = \underline{\qquad\qquad}$

h) $(7+9x) \cdot (7+9x) = \underline{\qquad\qquad}$

5 Ergänze so, dass die Aussagen wahr sind.

a) $x^2 - 6x + 9 = (x - \square)^2$

b) $(4 - \square) \cdot (4 + \square) = 16 - x^2$

c) $36s^2 + 120s + 100 = (6s + \square)^2$

d) $16a^2 + \square + 16b^2 = (4a+4b)^2$

e) $25v^2 - 10vw + w^2 = (5v - \square)^2$

f) $25 + 4x^2 - \square = (5-2x)^2$

g) $81r^2 - 36s^2 = (\square + 6s) \cdot (\square - 6s)$

h) $49x^2 + \square\, xy + 25y^2 = (7x+5y)^2$

i) $(\square + cb)^2 = a^2b^2 + 2ab^2c + \square$

j) $\frac{1}{2}x - \frac{1}{4}z = \frac{1}{4}x^2 \square + \square$

6 Markiere gleichwertige Terme mit der gleichen Farbe.
Hinweis: Du benötigst vier Farben.

$(8x+y)^2$	$(y-8x)^2$	$(-8x+y)^2$	$(-y+8x)\cdot(y+8x)$	$64x^2-y^2$
$(y-8x)\cdot(y+8x)$	$(8x+y)\cdot(8x-y)$	$-64x^2+y^2$	$64x^2+16xy+y^2$	
$-64x^2-8xy+8yx+y^2$	$64x^2+8xy+8xy+y^2$	$64x^2-16xy+y^2$		

7 Berechne mithilfe der binomischen Formeln.

a) $97\cdot 103=(100-3)\cdot(100+3)=$ __________

b) $85\cdot 75=$ __________

c) $69^2=(70-1)^2=$ __________

d) $111^2=$ __________

e) $107\cdot 93=$ __________

f) $398^2=$ __________

Anwenden und Vernetzen

8 Gegeben ist ein Quadrat mit der Seitenlänge c.
Durch Verlängern von c um 2 cm entsteht ein neues Quadrat.
Gib eine Formel zur Berechnung des Flächeninhalts des neuen Quadrates an.

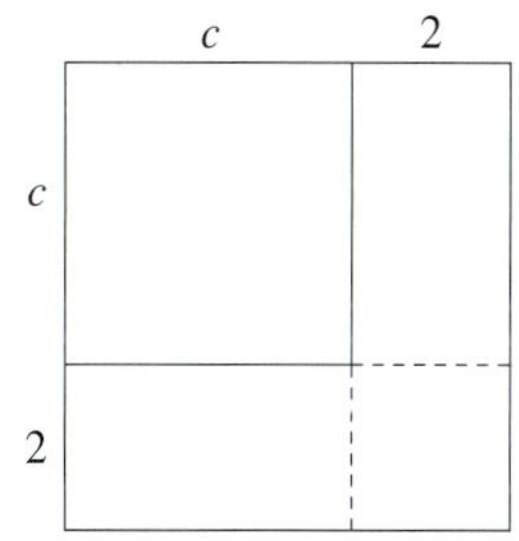

9 Multipliziere und vereinfache so weit wie möglich.

$(a+b)^3=(a+b)\cdot(a+b)^2=$ __________

10 Frau Schmidt hat die Wahl zwischen einem quadratischen Grundstück und einem rechteckigen Grundstück.
Das quadratische Grundstück hat eine Seitenlänge von 20 m.
Die eine Seite des rechteckigen Grundstücks ist 7 m länger und die andere Seite 7 m kürzer als die des quadratischen Grundstücks.
Vergleiche die Größen der beiden Grundstücke.

Funktionen

▶ Grundwissen

- Eine Zuordnung, bei der zu jedem Wert (Argument) aus dem ersten Bereich genau ein Wert (Funktionswert) aus dem zweiten Bereich zugeordnet wird, ist eine eindeutige Zuordnung.
- Eine eindeutige Zuordnung heißt Funktion.

Beispiel für ________ Funktion:

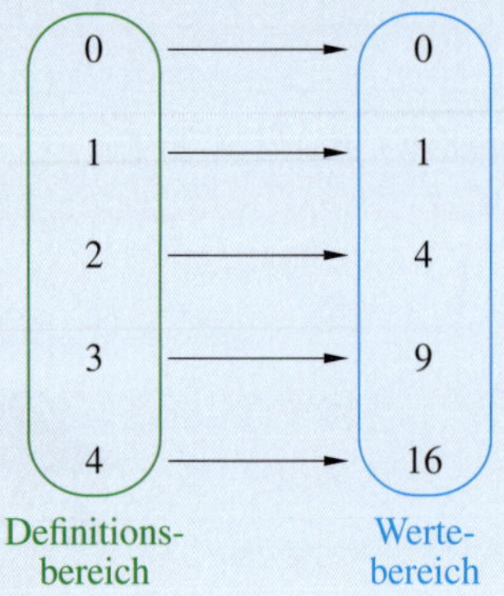

Beispiel für ________ Funktion:

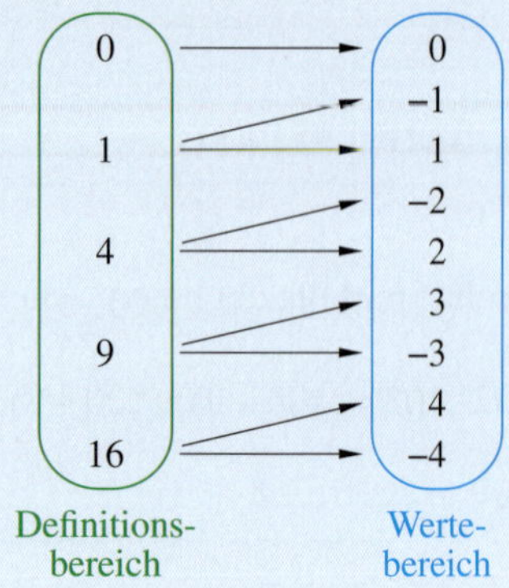

▶ **Auftrag:** Welches Beispiel zeigt eine bzw. keine Funktion?

Trainieren

1 Kreuze die Funktionen an.
Hinweis: Erkläre einer Mitschülerin oder einem Mitschüler, was anders sein müsste, damit es eine Funktion ist.

a) Graphen zu Zuordnungen

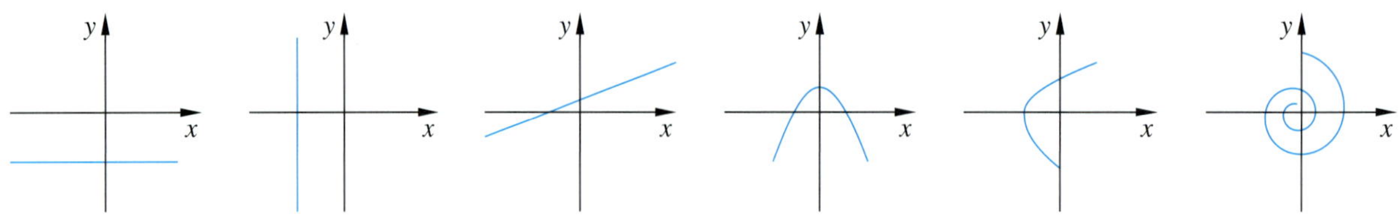

☐ Funktion ☐ Funktion ☐ Funktion ☐ Funktion ☐ Funktion ☐ Funktion

b) Wortvorschriften zu Zuordnungen

Mitschüler → letzte Sportnote ☐ Funktion

Tür → Schlüssel ☐ Funktion

Sternzeichen → Geburtsmonat ☐ Funktion

Ort → Telefonvorwahl ☐ Funktion

Schüler → Klassenlehrer ☐ Funktion

Tageszeit → Ortstemperatur ☐ Funktion

c) Tabellen zu Zuordnungen

Tageszeit	6:00	8:00	9:00	9:30
Temperatur in °C	7	8	9	9

☐ Funktion

Wochentag	Mo.	Di.	Mi.	Do.
Unterrichtsstunden	7	6	7	7

☐ Funktion

Reisedauer	4 d	5 d	6 d	7 d
Reisepreis in €	200	250	250	280

☐ Funktion

Gäste	1	2	3	2
bestellte Getränke	1	3	3	2

☐ Funktion

2 Gib zwei Funktionen zu Dreiecken an.

Dreieck → ____________________

Dreieck → ____________________

3 Stelle die Zuordnungen, die keine Funktionen sind, im Koordinatensystem dar.
Markiere im Koordinatensystem die Stellen, an denen du erkennst, dass es sich nicht um Funktionen handelt.

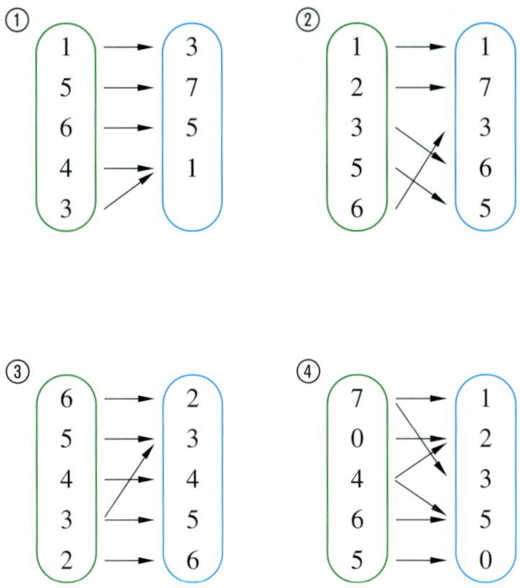

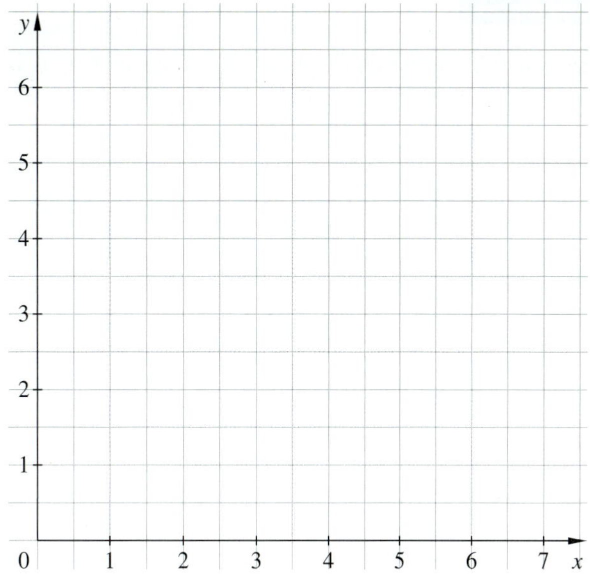

Anwenden und Vernetzen

4 Leonie ist die Leichteste und Maja ist kleiner als Leonie,
aber sie ist nicht viel schwerer.
Julia ist kleiner als Amelie, aber schwerer.
Doreen ist 4 cm größer als Julia, und Ulrike ist nur 1 cm kleiner als Julia.
Eine der beiden gleich großen Mädchen muss Kerstin sein.
Die Schwerste ist Doreen, und Amelie sowie Julia unterscheiden
sich um 1 kg.
Kerstin ist schlanker als Ulrike, also bestimmt leichter als sie.

a) Trage jeden Namen an der richtigen Stelle ein.
Hinweis: Trage zunächst mit Bleistift die Anfangsbuchstaben der Namen an passenden Stellen ein.

Größe / Masse	161 cm	166 cm	167 cm	168 cm	168 cm	172 cm	174 cm
55 kg							
59 kg							
64 kg							
67 kg							
68 kg							
70 kg							
71 kg							

b) Kreuze die Funktion an.

☐ Größe → Masse ☐ Masse → Größe

Vervollständige die Pfeildiagramme und begründe deine Entscheidung grafisch.

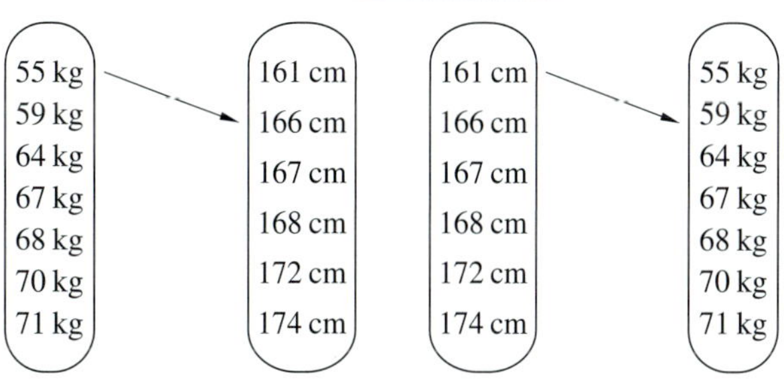

Lineare Funktionen

▶ Grundwissen

Eine Funktion der Form $f(x) = mx + b$ heißt lineare Funktion.
Ihr Graph ist eine Gerade mit der Steigung m und dem Achsenabschnitt b auf der y-Achse.

Beispiele:

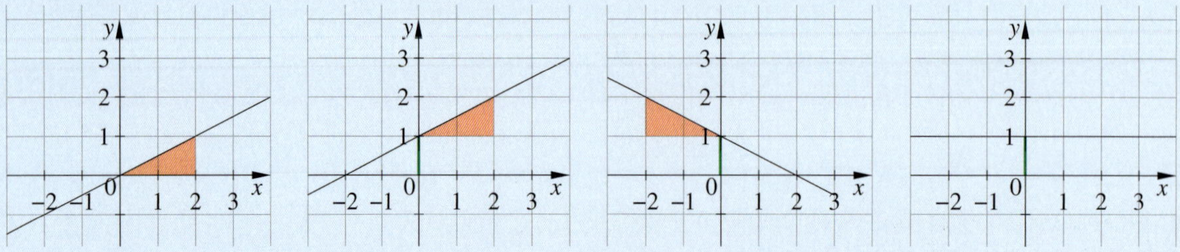

$m = \frac{1}{2}$ $b = 0$ $m = \frac{1}{2}$ $b = 1$ $m = -\frac{1}{2}$ $b =$ ____ $m =$ ____ $b =$ ____

$f(x) =$ ______ $f(x) =$ ______ $f(x) =$ ______ $f(x) =$ ______

▶ **Auftrag:** Gib jeweils m, b und die Funktionsgleichung an.

Trainieren

1 Ergänze zuerst den Schnittpunkt mit der y-Achse.
Entscheide danach, ob die Gerade von links nach rechts fällt oder steigt.

a) $f(x) = x + 6$ $P(0|$ ___ $)$ ist der Schnittpunkt mit der y-Achse. Die Gerade … ☐ fällt ☐ steigt

b) $f(x) = 2x - 7$ $P(0|$ ___ $)$ ist der Schnittpunkt mit der y-Achse. Die Gerade … ☐ fällt ☐ steigt

c) $f(x) = -3x + 8$ $P(0|$ ___ $)$ ist der Schnittpunkt mit der y-Achse. Die Gerade … ☐ fällt ☐ steigt

d) $f(x) = -4x - 9$ $P(0|$ ___ $)$ ist der Schnittpunkt mit der y-Achse. Die Gerade … ☐ fällt ☐ steigt

2 Funktionsgleichungen und Graphen

a) Gib jeweils zuerst m und b an und beschrifte danach die Graphen.

$f_1(x) = 3x + 6$ $m =$ ____ $b =$ ____

$f_2(x) = 3x + 3$ $m =$ ____ $b =$ ____

$f_3(x) = 3x - 2$ $m =$ ____ $b =$ ____

$f_4(x) = \frac{2}{3}x - 2$ $m =$ ____ $b =$ ____

b) Gib jeweils zuerst m und b an und zeichne danach die Graphen.

$f_5(x) = -2$ $m =$ ____ $b =$ ____

$f_6(x) = -2x + 3$ $m =$ ____ $b =$ ____

$f_7(x) = -x - 2$ $m =$ ____ $b =$ ____

$f_8(x) = -x$ $m =$ ____ $b =$ ____

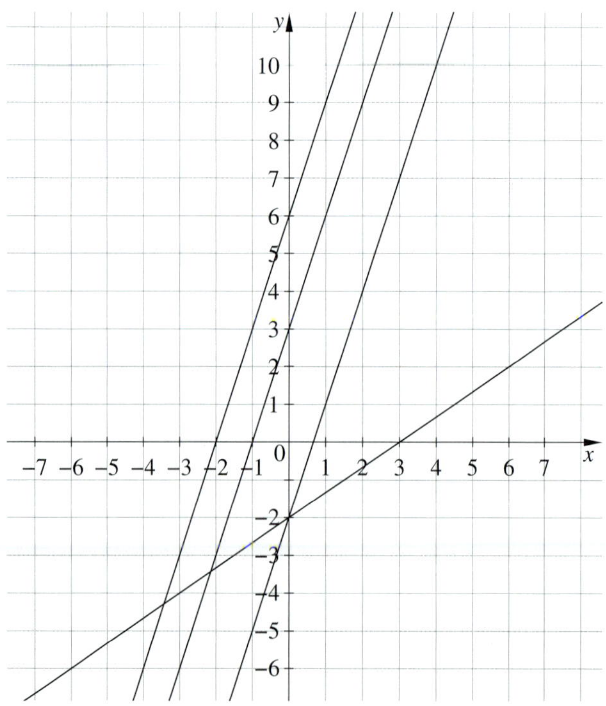

3 Im Koordinatensystem ist der Graph einer linearen Funktion eingezeichnet.

a) Gib die Funktionsgleichung dieser linearen Funktion y_1 an.

$f_1(x) =$ ______________________

b) Verschiebe die Gerade y_1 fünf Einheiten nach oben.
Gib die Funktionsgleichung zu dieser Geraden y_2 an.

$f_2(x) =$ ______________________

c) Zeichne eine Gerade y_3, die senkrecht zu y_1 verläuft und durch den Punkt $P(1{,}5\,|\,0)$ geht. Gib ihre Gleichung an.

$f_3(x) =$ ______________________

d) Spiegele die Gerade y_1 an der y-Achse und ermittle die zugehörige Funktionsgleichung.

$f_4(x) =$ ______________________

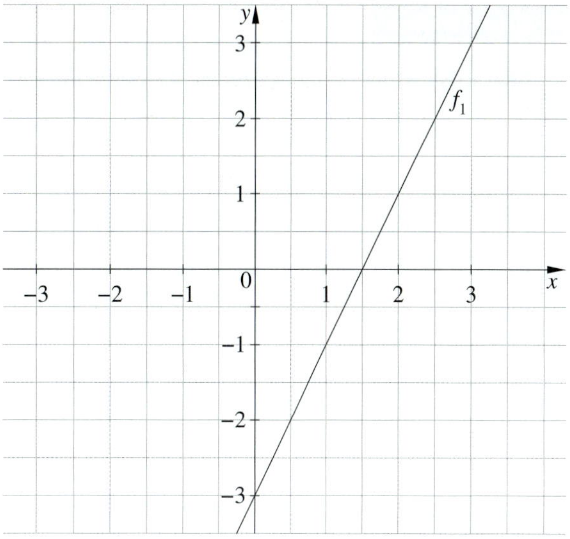

4 Graphen mit Gemeinsamkeiten zu $f(x) = 6x + 12$.

a) Gib die Funktionsgleichung des Graphen an, der durch $P(0|0)$ und parallel zu dem von $y = 6x + 12$ verläuft. ______________________

b) Gib die Funktionsgleichung des Graphen an, der durch $P(0|12)$ verläuft und halb so stark steigt. ______________________

Anwenden und Vernetzen

5 Leni verreiste mit ihren Eltern.
Sie fuhren zuerst 62 km auf Landstraßen mit sehr unterschiedlichen Geschwindigkeiten und danach durchschnittlich 112,5 Kilometer pro Stunde auf der Autobahn.

a) Vervollständige die Tabelle zur Fahrt auf der Autobahn und trage die Wertepaare in das Koordinatensystem ein.

Zeit in min	Strecke in km
0	62,0
8	
16	
20	
40	
60	

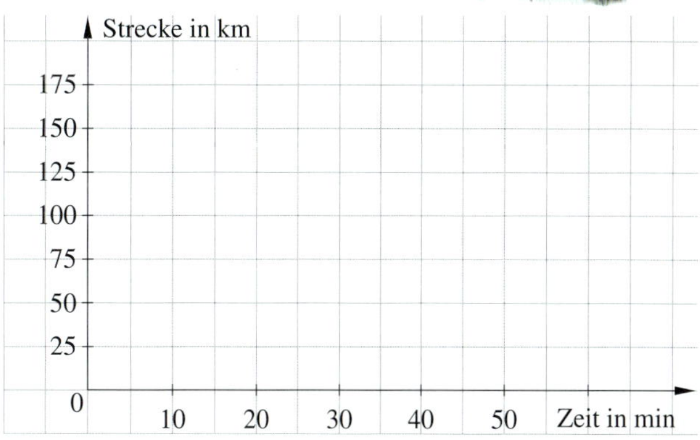

b) Warum ist es angebracht, die Punkte miteinander zu verbinden?

____

c) Kreuze die passende Gleichung an.
Gib die praktische Bedeutung beider Variablen an.

☐ $y = \frac{112{,}5}{60}x + 62$ ☐ $y = 1{,}875x + 62$ ☐ $y = 62x + 1{,}875$ ☐ $y = 112{,}5x + 62$

y steht für ______________________

x steht für ______________________

Steigung

▶ Grundwissen

Für die Steigung m einer Geraden, die durch die Punkte $A(x_1 | y_1)$ und $B(x_2 | y_2)$ geht, gilt: $m = \frac{y_2 - y_1}{x_2 - x_1}$.

Beispiel: $m =$ ____________

$y =$ ____________

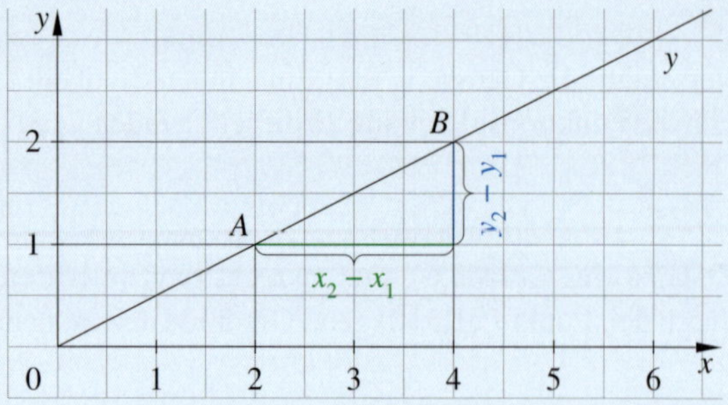

▶ Auftrag: Ergänze das Beispiel.

Trainieren

1 Steigungen von Abschnitten

a) Gib den Abschnitt mit der größten Steigung an.

____

b) Gib den Abschnitt mit der kleinsten Steigung an.

____

c) Gib zwei 100-m-Abschnitte mit gleich großer Steigung an.

____

____

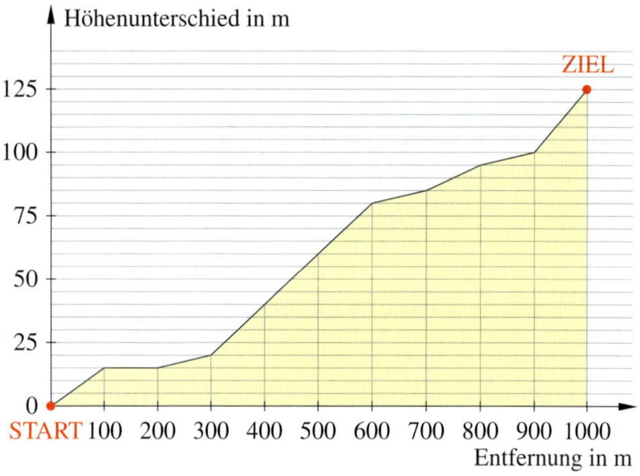

d) Bestimme die Steigungen in den angegebenen Abschnitten nach dem Start.

0 m bis 100 m: ____________

100 m bis 200 m: ____________

200 m bis 300 m: ____________

300 m bis 600 m: ____________

700 m bis 800 m: ____________

900 m bis 1000 m: ____________

2 Geraden und Funktionsgleichungen

a) Zeichne jeweils eine Gerade, die durch den Punkt geht und die gegebene Steigung hat.

y_1: $P_1(-6 | -2)$ $m = \frac{1}{3}$

y_2: $P_2(2 | 4)$ $m = 2$

y_3: $P_3(1 | -2)$ $m = -2$

y_4: $P_4(-4 | 4)$ $m = -1$

b) Schreibe die zugehörigen Funktionsgleichungen an die Graphen.

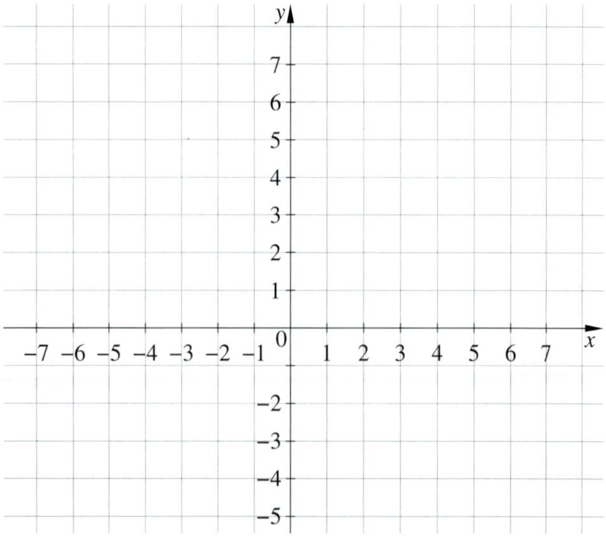

3 Berechne jeweils zuerst die Steigung der linearen Funktionen und zeichne danach die Graphen.

y_1 verläuft durch $A(-1|-1{,}5)$ und $B(-3|1{,}5)$.

____

y_2 verläuft durch $C(-1|3)$ und $D(3|-3)$.

____

y_3 verläuft durch $E(-2{,}5|-2{,}5)$ und $F(3|-1{,}5)$.

____

y_4 verläuft durch $G(-2|-1{,}5)$ und $H(4|-0{,}5)$.

____

y_5 verläuft durch $I(1|1{,}5)$ und $J(3|2{,}5)$.

____

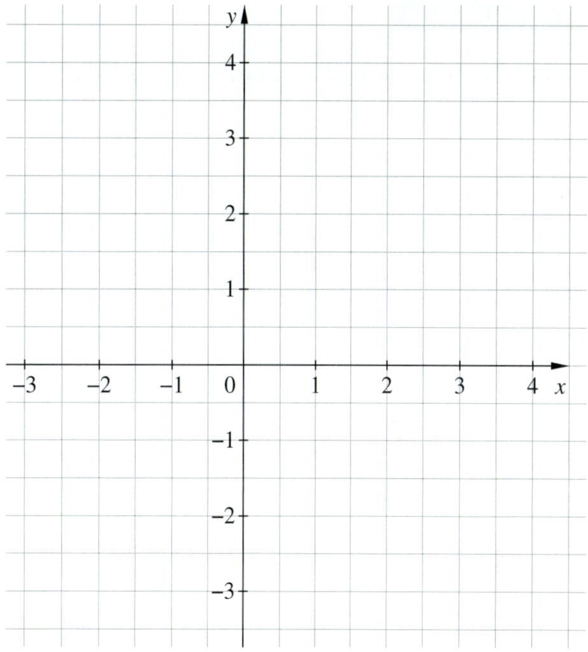

Anwenden und Vernetzen

4 An vielen Straßen im Gebirge steht ein Schild, welches die Steigung bzw. das Gefälle angibt.

a) Kreuze die richtigen Erklärungen an.

„Auf 100 m waagerechter Entfernung kommt man 20 m höher.“ ☐ richtig ☐ falsch

„Die Steigung ist 0,2.“ ☐ richtig ☐ falsch

„Nach 2 km ist man 200 m höher.“ ☐ richtig ☐ falsch

b) Berechne den überwundenen Höhenunterschied für eine Entfernung von 1,5 km laut Straßenkarte.

____

____

c) Zeichne entsprechende Graphen und gib die zugehörigen Funktionsgleichungen an.

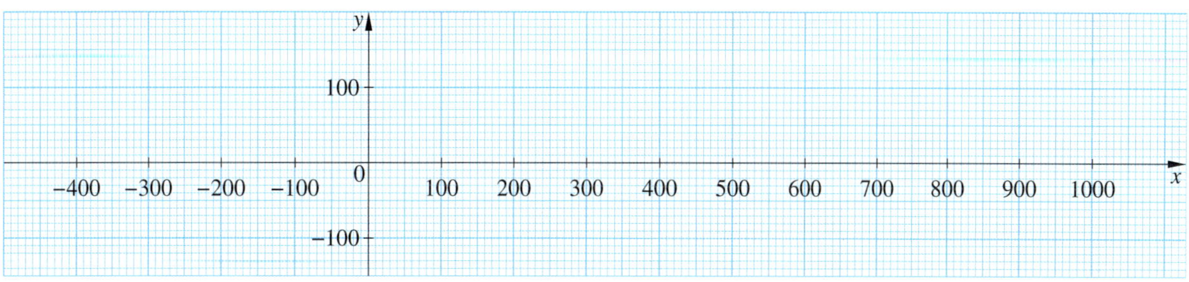

d) Miss die Anstiegswinkel (kleinster Winkel zwischen Graph und x-Achse).

____

Baumdiagramme

▶ Grundwissen

Mit Baumdiagrammen können alle Möglichkeiten genau einmal dargestellt werden.

Beispiel: Bei einem Zwei-Gänge-Menü kann jeweils ein Hauptgericht und ein Dessert gewählt werden.

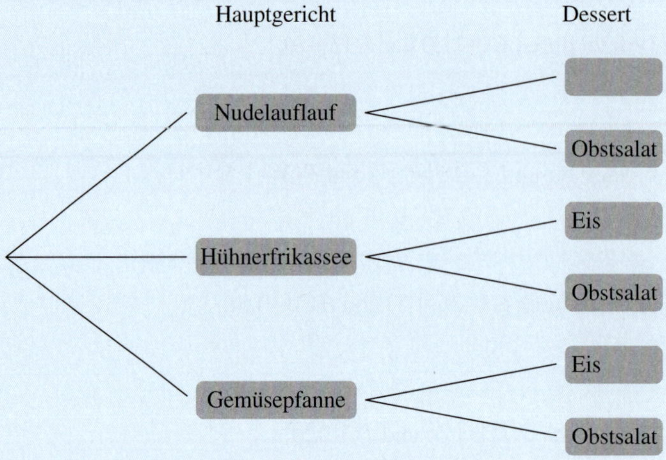

▶ **Auftrag:** Vervollständige das Baumdiagramm.

Trainieren

1 Stelle jeweils alle möglichen Urlaubs-Outfits im Baumdiagramm dar. Färbe dazu die Teile passend ein.

a) Beim Flug in den Urlaub sind im Koffer von Greta drei T-Shirts (je ein rotes, blaues und weißes) sowie drei Hosen (je eine rote, blaue und weiße).

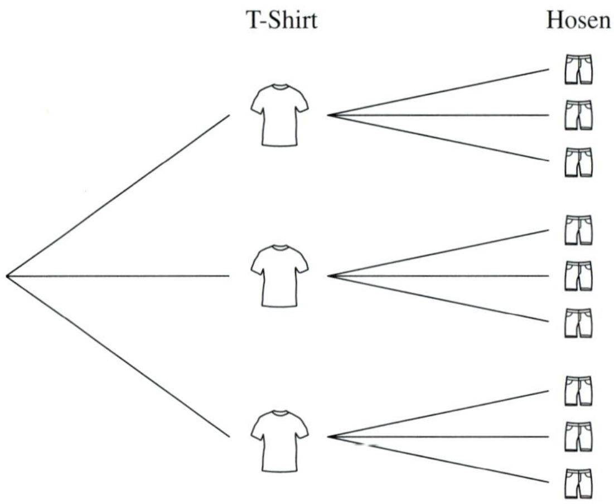

b) Beim Flug in den Urlaub sind im Koffer von Fabian vier T-Shirts (je ein rotes, blaues, schwarzes und weißes) sowie zwei Hosen (je eine blaue und schwarze).

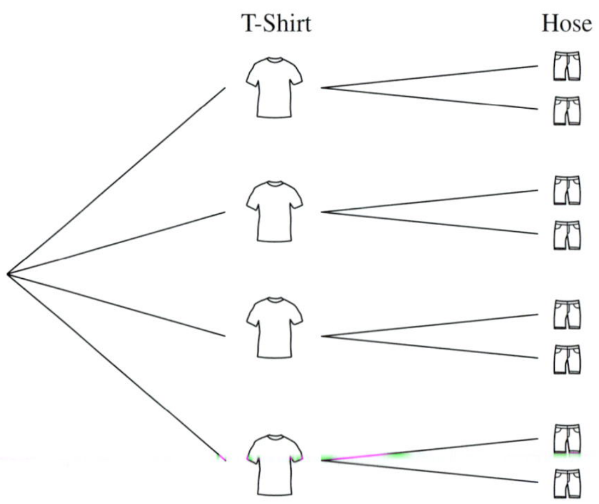

c) Zusatzaufgabe: Beide kaufen sich im Urlaub jeweils ein buntes T-Shirt. Gib die Anzahl der dadurch möglichen Outfits an.

___

2 

a) Wie viele zweistellige Zahlen kann man mit den drei Ziffern bilden?
Ermittle die Lösung mit einem passenden Baumdiagramm und gib die Zahlen an.

____

b) Zusatzaufgabe: Wie viele vierstellige Zahlen kann man mit den drei Ziffern bilden?

____

Anwenden und Vernetzen

3 Im Wäschekorb liegen nur noch frisch gewaschenen, gleichartige Socken. Zwei sind graue, zwei schwarze und vier blaue Socken. Sie werden ohne hinzusehen einzeln gegriffen und paarweise aufgehängt. Passt ein Socken nicht, hängt er zunächst alleine.

a) Wie oft muss man höchstens nach je einem Socken greifen, um ein gleichfarbiges Paar zu haben? ______________

b) Gib die Wahrscheinlichkeiten folgender Ergebnisse an.

Hinweis: Wahrscheinlichkeit eines Ergebnisses = $\frac{\text{Anzahl der günstigen Ergebnisse}}{\text{Anzahl aller möglichen Ergebnisse}}$

① P(„Eine graue Socke wird als Erstes genommen.“) = ______________

② P(„Eine blaue Socke wird als Erstes genommen.“) = ______________

③ P(„Keine schwarze Socke wird als Erstes genommen.“) = ______________

c) Schreibe die passenden Wahrscheinlichkeiten an die Pfade.
Hinweis: „G“ steht für Grau, „S“ für Schwarz und „B“ für Blau.

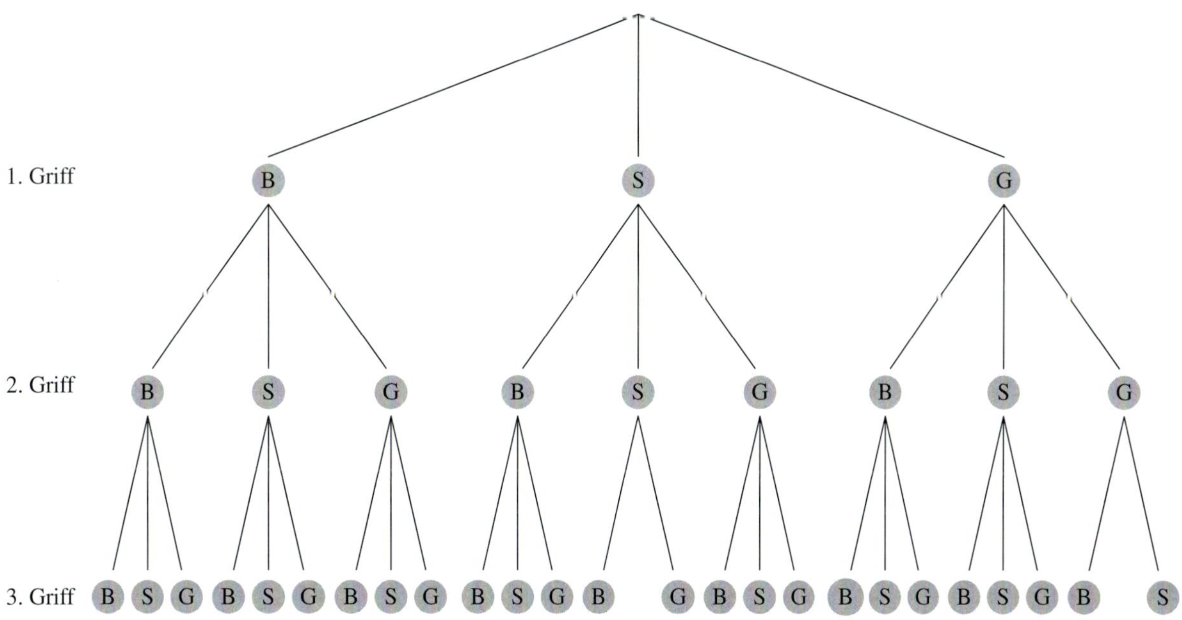

Produkt- und Summenregel

▶ Grundwissen

- Produktregel: Bei zweistufigen Zufallsexperimenten erhält man die Wahrscheinlichkeit eines Ergebnisses, indem man die Wahrscheinlichkeiten entlang des zugehörigen Pfades multipliziert.
- Summenregel: Bei zweistufigen Zufallsexperimenten ist die Wahrscheinlichkeit eines Ereignisses gleich der Summe der Wahrscheinlichkeiten aller Pfade, die zum Ereignis gehören.

Beispiel:
Martin (M), Alexander (A) und Kolja (K) überlegen:
Wie wahrscheinlich ist es, dass nach der Auslosung Martin als Erster und Alexander als Zweiter startet?
Wie wahrscheinlich ist es, dass nach der Auslosung Martin als Zweiter startet?

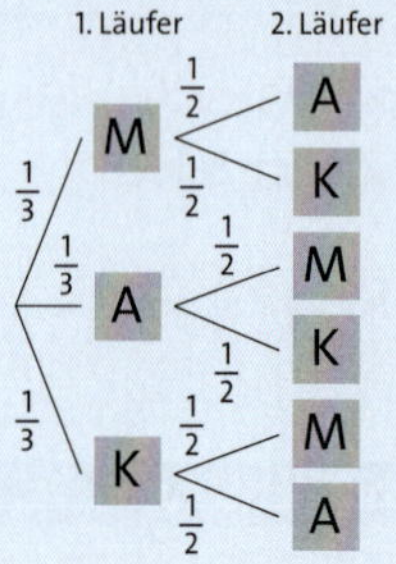

P(„Martin als Erster und Alexander als Zweiter") = ______________

P(„Martin als Zweiter") = ______________

▶ Auftrag: Berechne die gesuchten Wahrscheinlichkeiten.

Trainieren

1 Das Glücksrad wird zweimal gedreht.

a) Ergänze das zugehörige Baumdiagramm, die Ergebnisse und die Wahrscheinlichkeiten.

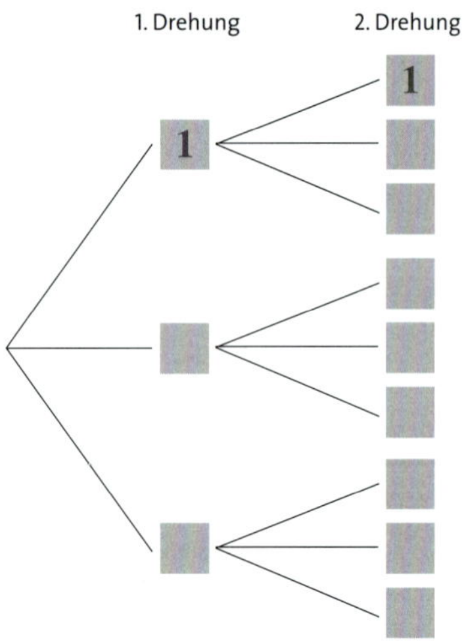

Wahrscheinlichkeiten der Ergebnisse

$P(\{(1|1)\}) = \frac{1}{16}$

____

____

____

____

____

____

____

____

b) Vervollständige folgende Tabelle.

erzielte Summe nach zweimal Drehen					
Wahrscheinlichkeit					

c) Mit welcher Wahrscheinlichkeit ist die erzielte Summe größer als 4?

____

d) Gib ein Beispiel für ein Ereignis an, das mit der Wahrscheinlichkeit 0 eintritt.

____

2 Eine 50-Cent-Münze und ein Spielwürfel mit den Augenzahlen 1 bis 6 fallen gleichzeitig zu Boden.

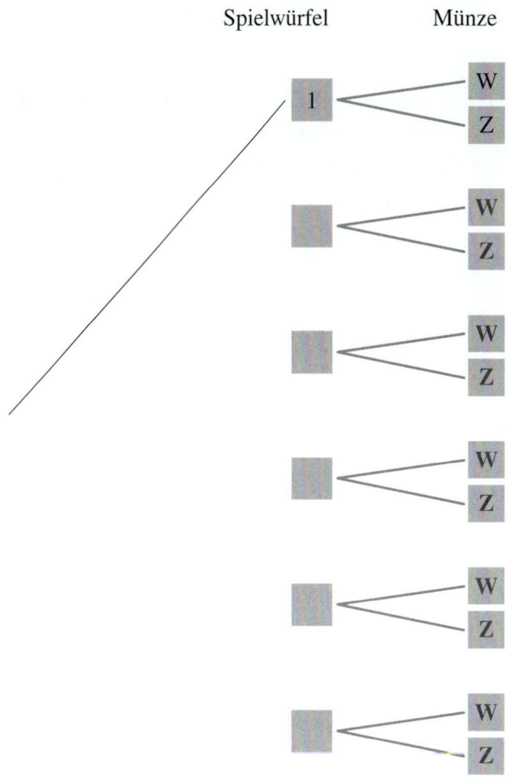

a) Vervollständige das Baumdiagramm so, dass alle möglichen Ergebnisse leicht ablesbar sind.

b) Gib die entsprechenden Wahrscheinlichkeiten an.

A: „Wappen und eine Augenzahl, die größer als 4 ist"

___

B: „50 Cent und eine Augenzahl, die kleiner bzw. gleich 3 ist"

___

c) Zusatzaufgabe: Gib ein Experiment (ohne Spielwürfel und Münze) an, das auch durch den Baum von Teilaufgabe **a** beschrieben wird.
Hinweis: Kontrolliert die Beschreibungen gegenseitig.

___

___

___

Anwenden und Vernetzen

3 Micha Steiger übte im Training Elfmeterschießen. Er schoss jeweils dreimal hintereinander.
Der Trainer hat festgestellt, dass die Konzentration des Spielers nachlässt. Er notierte alle Ergebnisse und erstellte die abgebildete Erfolgsstatistik.

Schuss	1	2	3
Wahrscheinlichkeit für einen Treffer	90 %	75 %	70 %

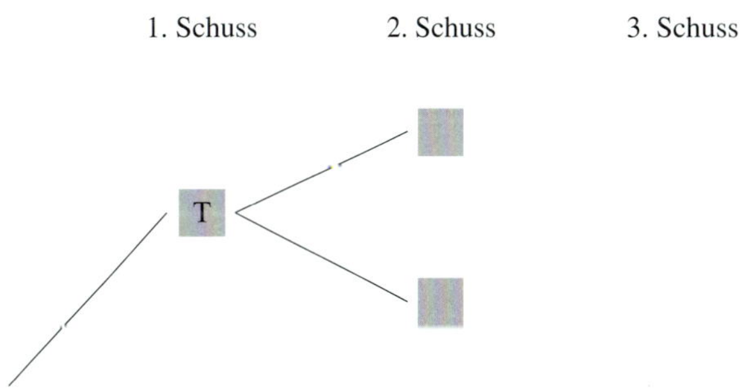

a) Erstelle ein vollständig beschriftetes Baumdiagramm.
Trage darin die Wahrscheinlichkeiten ein.
Hinweis: „T" steht für „Treffer" und „N" für „kein Tor".

b) Mit welcher Wahrscheinlichkeit trifft Steiger dreimal hintereinander?

___

___

___

c) Schreibe das Ereignis E_1: „Er schießt höchstens ein Tor" als Menge und berechne $P(E_1)$.

___

___

d) Der Ball eines Profifußballers fliegt mit ca. $100\,\frac{\text{km}}{\text{h}}$. Überschlage, wie lange er für 11 m benötigt.

___

Kapitel **Vielecke und Kreise berechnen**

1 Gib jeweils die entsprechenden Formeln zur Berechnung vom Umfang und Flächeninhalt an. Berechne diese damit. Miss die benötigten Längen.

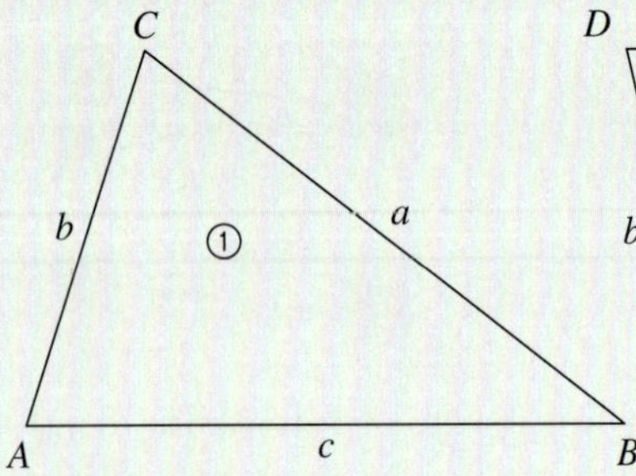

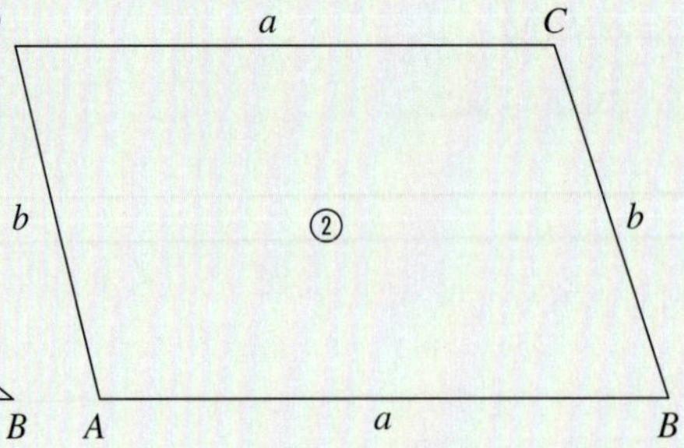

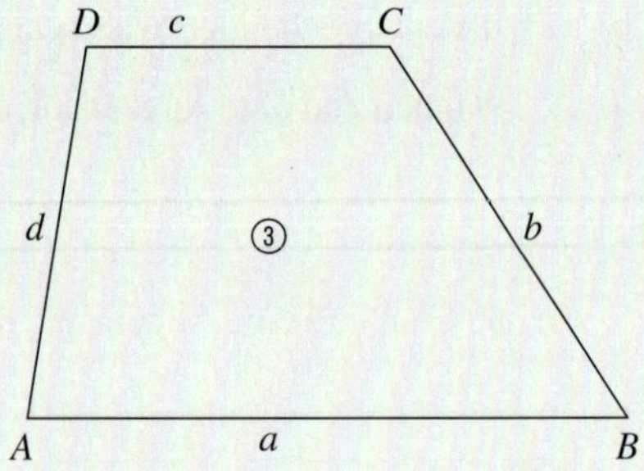

$u =$ ______________________

$A =$ ______________________

$u =$ ______________________

$A =$ ______________________

$u =$ ______________________

$A =$ ______________________

2 Ergänze zu $6\,cm^2$ großen Flächen.

Rechteck

Dreieck

Parallelogramm

A ______ B

A ______ B

A ______ B

3 Stell dir vor, dass 20 Schülerinnen oder Schüler einen möglichst großen Kreis bilden. Die Finger berühren den jeweiligen Nachbarn. Die durchschnittliche Spannweite der Arme beträgt ca. 1,50 m. Kreuze Zutreffendes an.

① Umfang des Kreises ☐ 300 dm ☐ 30 m ☐ 3 km ☐ 3 000 mm

② Flächeninhalt des Kreises ☐ $700\,dm^2$ ☐ $70\,m^2$ ☐ $7{,}8\,km^2$ ☐ $280\,m^2$

4 Der Hausgiebel (eine Seitenwand) soll mit Platten gedämmt werden. Wie teuer wird dies, wenn mit Kosten von 40 € pro Quadratmeter gerechnet wird? Runde das Ergebnis sinnvoll.

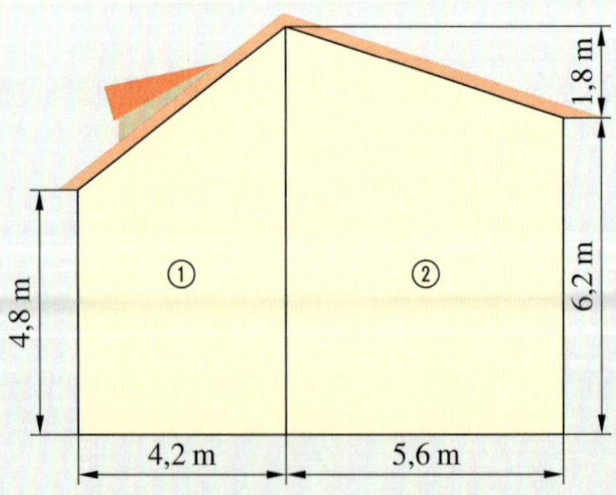

Kapitel Lineare Gleichungen

1 Trage die Lösungen und die zugehörigen Buchstaben in die vorgegebenen Kästchen ein.
$11 = A$; $12 = B$; …; $38 = Z$
Sind alle Lösungen richtig, erhältst du einen Tiernamen.

	1	2	3	4	5	6	7	8	9
1	A	B	C	D	E	F	G	H	I
2	J	K	L	M	N	O	P	Q	R
3	S	T	U	V	W	X	Y	Z	

____

$a - 2 = 40$	38	Z	1.	$b : 5 = 7$			2.	$c + 5 = 20$			3.
$(31 - d) : 2 = 1$			4.	$e \cdot 3 - 1 = 50$			5.	$4f - 8 = 40$			6.
$121 : g = 11$			7.	$2 \cdot h + 2 = 60$			8.	$i + 68 = 132 - i$			9.
$3j - 2 = 4j - 13$			10.	$(k - 2) : 5 = 3$			11.	$(l - 21)^2 = 100$			12.
$m \cdot 3 = 72$			13.	$n^3 : n^2 = 15$			14.				

2 Stelle passende Gleichungen auf und gib deren Lösungen an.

a) Mia sagt: „Wird 45 zu einer Zahl addiert, so ist das Ergebnis 61."

____

b) Tim sagt: „Wird zuerst eine Zahl mit 21 multipliziert und danach 5 abgezogen, so ist das Ergebnis 100."

____

3 Markiere gegebenenfalls die Fehler und gib die Lösung an.

a) $9y = 5 - 3y + 7$

$12y - 12$

$y = 1$ Lösung: ____

b) $5x + 7 - 3x = 15$

$2x = 15$

$x = 7{,}5$ Lösung: 7,5

4 Amelie durfte 20 € mit zur Klassenfahrt nehmen.
Sie gab am ersten Tag 2 € mehr aus als am zweiten Tag,
am dritten Tag nichts und an den letzten beiden Tagen jeweils 3 €.
Als Amelie zurückkam, war noch 1 € übrig.
Wie viel gab sie an den einzelnen Tagen aus?

____

Kapitel Prozent- und Zinsrechnung

1 Ergänze die Tabelle zur Prozentrechnung.

Grundwert	200 g	200 l	500 m	1 500,00 €		
Prozentsatz	3 %	6,25 %			4 %	2,9 %
Prozentwert			37,50 m	26,25 €	32,00 €	52,20 €

2 Ergänze die passenden Bezeichnungen aus der Prozentrechnung und aus der Zinsrechnung.

	Anteil von einem Ganzen	Größe des Anteils von einem Ganzen	Größe von einem Ganzen
Prozentrechnung			
Zinsrechnung			

3 Ermittle die Ergebnisse mithilfe des Dreisatzes.

a) Wie viel Prozent sind 1,2 € von 30 €?

b) Wie viel sind 5 % p. a. von 1600 €?

c) Bei 2,5 % p. a. gibt es 156 € Zinsen. Berechne das Kapital.

4 Gib die Zinsen für unterschiedliche Laufzeiten an.
Hinweis: Bei mehreren Jahren sind Zinseszinsen zu ermitteln.

Kapital	1 000,00 €	1 800,00 €	2 000,00 €	24 000,00 €	10 000,00 €	13 000,00 €
Zinssatz p. a.	6 %	8,25 %	2 %	2,4 %	9 %	3,9 %
Laufzeit	12 Tage	36 Tage	3 Monate	9 Monate	2 Jahre	2 Jahre
Zinsen für die Laufzeit						

5 Untersuche, welches Angebot besser ist.

Angebot A: Ihr Kapital wird im ersten Jahr mit 1,5 % p. a., im zweiten mit 2 % und im dritten mit 2,5 % verzinst.
Angebot B: Ihr Kapital wird mit Zinseszinsen drei Jahre mit 2 % p. a. verzinst.

Kapitel Prismen

1 Markiere in den Netzen von Prismen die Seitenflächen, die Körperhöhe sowie die Grund- und die Deckfläche. Lege dazu Farben fest.
Hinweis: Prüfe zuerst, ob es das Netz eines Prismas ist.

☐ Seitenflächen ☐ Grund- und Deckfläche ☐ Körperhöhe

a)

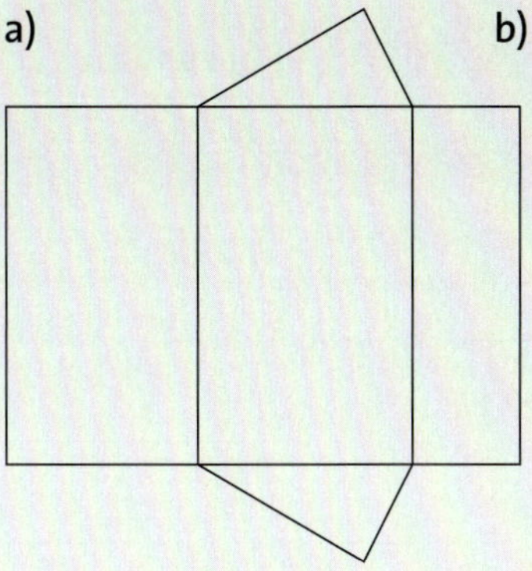

b)

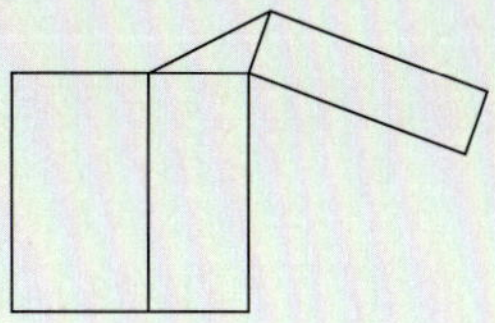

c)

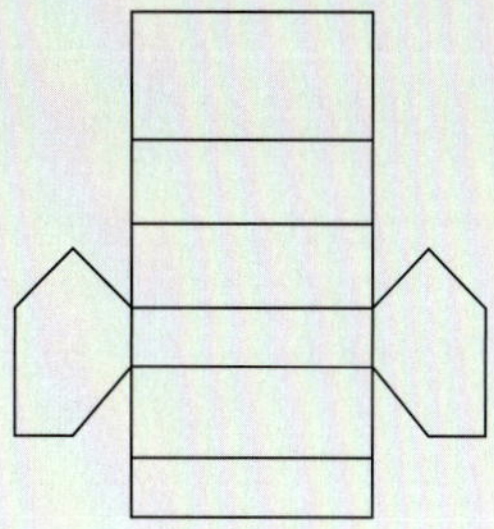

d)

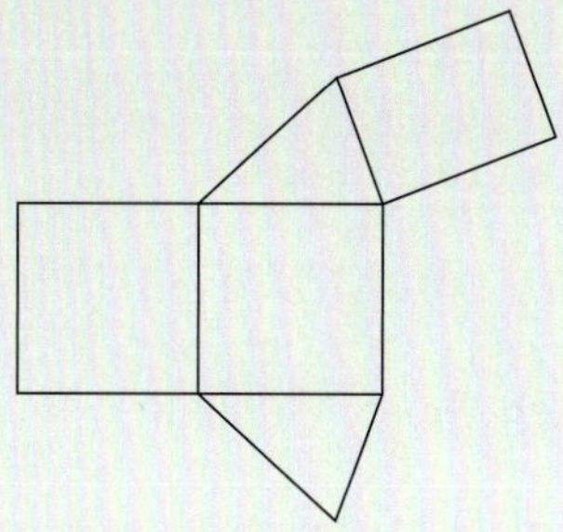

2 Ein Prisma hat als Grundfläche ein rechtwinkliges Dreieck mit 3 cm, 4 cm und 5 cm langen Seiten. Es ist 8 cm hoch.

a) Berechne die Größe der Oberfläche und das Volumen des Prismas.

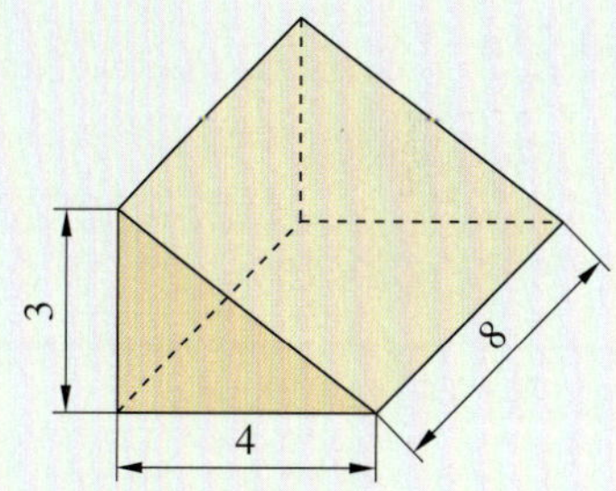

b) Vervollständige die Grundflächen von Prismen mit gleicher Körperhöhe und gleichem Volumen.

Rechteck Trapez Parallelogramm

3 Ein Architekt plant ein neues Kinderbecken für ein Hotel. Es soll groß erscheinen und nicht viel Wasser fassen. Welches der beiden Modelle wird vermutlich gewählt? Begründe deine Antwort.

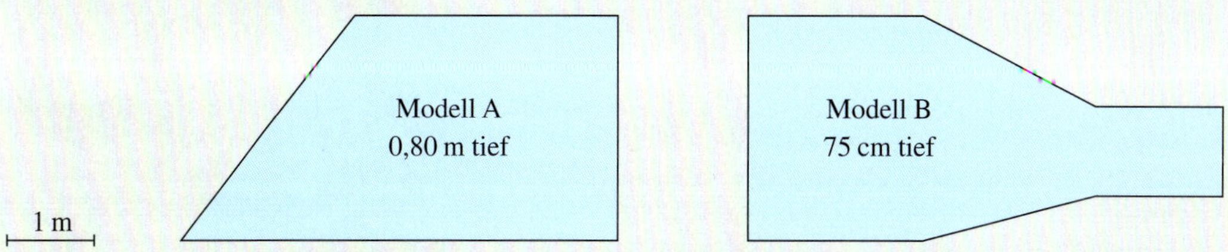

Kapitel Rechnen mit Klammern

1 Setze „=“ bzw. „≠“ ein und unterstreiche gegebenenfalls im rechten Term den Fehler.

a) $7 \cdot (5a + 4)$ ☐ $7 \cdot 5a + 5a \cdot 4$ **b)** $(1 + 2a) \cdot 3b$ ☐ $3b + 6ab$ **c)** $(1 - 4t) \cdot (4 - t)$ ☐ $4 - t + 16t + t^2$

d) $(2 - 4s) \cdot (2 - 4s)$ ☐ $4 - 16s + 4s^2$ **e)** $(3r + 9s)^2$ ☐ $9r^2 + 54rs + 81s^2$ **f)** $(7 - 7n) \cdot (7 + 7n)$ ☐ $49 + 49n^2$

2 Multipliziere.

a) $10 \cdot (7 + 4a) =$ ______ **b)** $-7b \cdot (6 - 4a) =$ ______

c) $(3b - 11c + 4) \cdot 5a =$ ______ **d)** $(3d - 4) \cdot (3d - 4) =$ ______

e) $(9e + 8s) \cdot (9e + 8s) =$ ______ **f)** $(0{,}3 - 0{,}2f) \cdot (0{,}3 + 0{,}2f) =$ ______

g) $(1{,}1 - 2g) \cdot (1{,}1 - h) =$ ______ **h)** $(0{,}6 - 4h) \cdot (4h + 0{,}6) =$ ______

3 Schreibe als Produkt. Klammere möglichst viel aus.

a) $21a + 28 =$ ______ **b)** $10a + 20ab - 30ac =$ ______

c) $50c^2 - 40bc =$ ______ **d)** $d^2 - 4d + 4 =$ ______

e) $9d^2 + 60d + 100 =$ ______ **f)** $25 - 400f^2 =$ ______

g) $7g^2 - 42gh + 28gi^2 =$ ______ **h)** $0{,}04h^2 - 0{,}4h + 1 =$ ______

4 Berechne mithilfe der binomischen Formeln.

a) $92 \cdot 108 =$ ______

b) $97^2 =$ ______

c) $38 \cdot 38 =$ ______

5 Familie Lehn sollte zuerst ein quadratisches Grundstück mit der Seitenlänge x erhalten. An einer Seite wurde aber ein 3 m breiter Streifen zu einem Weg. Zum Ausgleich gab es einen 3 m breiten Streifen, der senkrecht zum Weg verläuft. Letztendlich ist es ein rechteckiges Grundstück geworden.

a) Veranschauliche den Sachverhalt.

b) Ermittle mithilfe einer Rechnung, wie sich die Größe des Grundstücks veränderte.

______

______

Kapitel Zuordnungen und Funktionen

1 Graphen im Koordinatensystem

a) Gib die Funktionsgleichung zum gegebenen Graphen an.

____

b) Eine proportionale Zuordnung hat die gleiche Steigung wie die im Koordinatensystem vorgegebene Zuordnung. Zeichne deren Graphen und gib die Funktionsgleichung an.

____

c) Ergänze zuerst die Wertetabelle zur Funktionsgleichung $f(x) = 2x + 5$.
Zeichne danach den Graphen und markiere die Nullstelle.

x	−4		−1		2
$f(x)$		0		5	

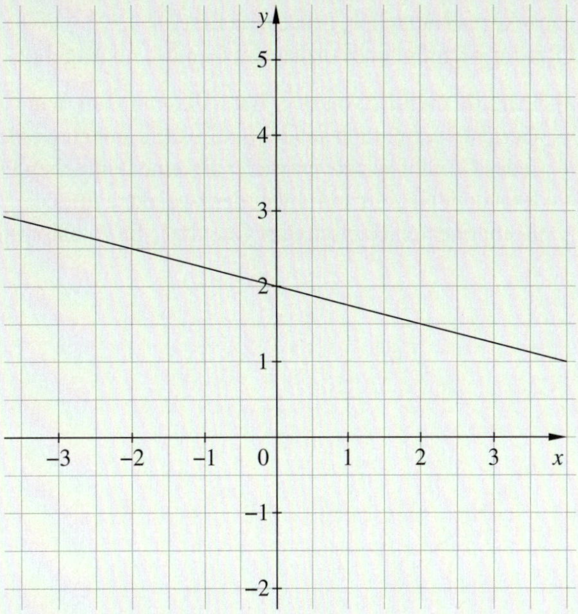

2 Der Graph der linearen Funktion verläuft durch die Punkte $P(-2|6)$ und $Q(3|-9)$.

a) Lena sagt: „Die Steigung ist −3 und die Funktionsgleichung ist $f(x) = -3x$."
Hat sie recht? Begründe deine Meinung.

____

b) Prüfe, ob die Punkte auf der Geraden liegen.

$A(-7|21)$ ☐ ja ☐ nein $B(-21|7)$ ☐ ja ☐ nein $C(-\frac{2}{3}|2)$ ☐ ja ☐ nein $D(-4|8)$ ☐ ja ☐ nein

3 Familie Spiegel plant eine 7- bis 14-tägige Reise. Sie hat die Wahl zwischen drei Reiseangeboten.

Angebot 1:	Angebot 2:	Angebot 3:
Pauschalreise für 1800,00 € mit bis zu 14 Tagen Aufenthalt	An- und Abreise für 500,00 € und 100,00 € pro Übernachtung	An- und Abreise für 440,00 € und 165 € pro Übernachtung (+ 10% Vermittlungsgebühr)

a) Veranschauliche die Angebote im Koordinatensystem. Bei wie vielen Übernachtungen ist das jeweilige Angebot im Vergleich zu den anderen preisgünstig?

Angebot 1: ______________________

Angebot 2: ______________________

Angebot 3: ______________________

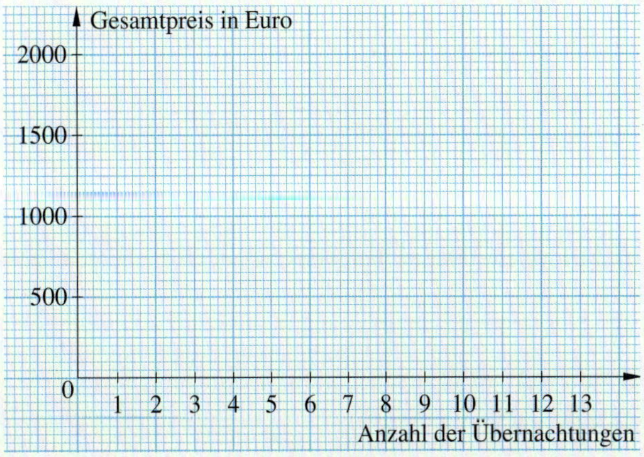

b) Ordne den Graphen Gleichungen zu.

c) Welches Angebot wird vermutlich als Erstes ausgeschlossen?

____

____

Kapitel **Zweistufige Zufallsexperimente**

1 Frau Chung hat Reis, Nudeln, gebackenes Hähnchen, gebackene Ente, Pilze mit Gemüse und Ananas mit Gemüse im Angebot.

a) Ermittle mithilfe von zwei Baumdiagrammen, wie viele Gerichte vermutlich auf der Speisekarte stehen werden. Jedes Gericht besteht entweder aus einer einfachen Portion Reis oder Nudeln und einer oder zwei der anderen Komponenten (Fleisch oder Gemüse), die dazukommen.

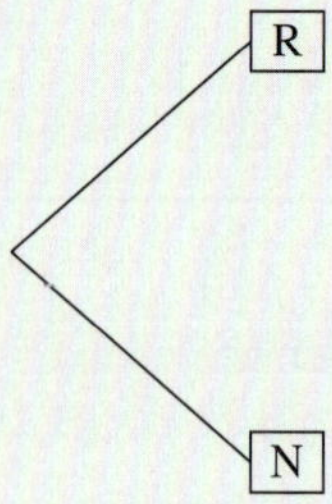

b) Jedes Gericht hat eine andere Nummer (1; 2; 3; 4; 5 …). Die Nummern wurden nach dem Zufallsprinzip und ohne System vergeben. Mit welcher Wahrscheinlichkeit ist das erste Gericht mit gebackener Ente?

2 Clas versucht, zwei Frösche in eine große Tasse springen zu lassen. Er trifft erfahrungsgemäß mit einer Wahrscheinlichkeit von 40 % in die große Tasse.

a) Beschrifte das Baumdiagramm.

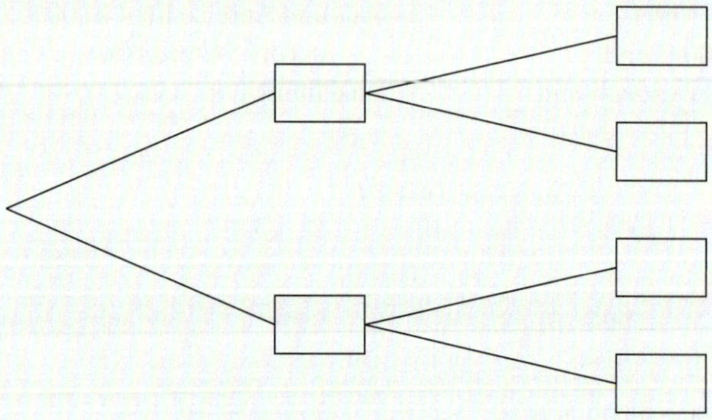

b) Mit welcher Wahrscheinlichkeit landen die beiden Frösche in der Tasse?

c) Mit welcher Wahrscheinlichkeit landet mindestens ein Frosch in der Tasse?

d) Mit welcher Wahrscheinlichkeit landet nur der zweite Frosch in der Tasse?

Jahrgangsstufentest

1

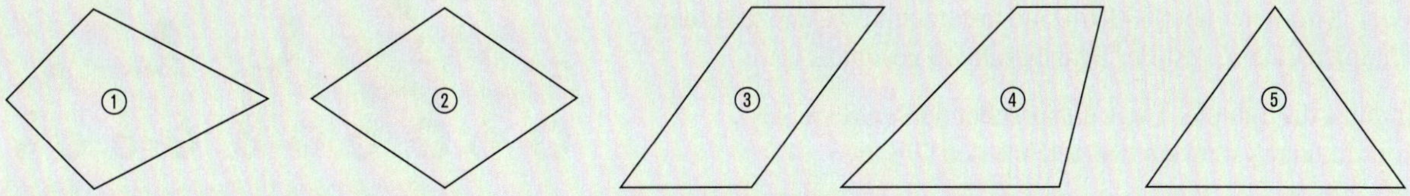

a) Benenne jede Figur möglichst genau und berechne die Flächeninhalte. Miss die dazu benötigten Strecken.

① ______________________ $A =$ ______________

② ______________________ $A =$ ______________

③ ______________________ $A =$ ______________

④ ______________________ $A =$ ______________

⑤ ______________________ $A =$ ______________

b) Alle Flächen sind Grundflächen von 5 cm hohen geraden Prismen.
Welche der Körper haben gleich große Volumen? ______________

2 Maximilian sagt: „Ich habe von einer Zahl 7 subtrahiert und die Differenz mit 5 multipliziert. Das Ergebnis ist 15.“
Berechne die Zahl. Überprüfe dein Ergebnis mithilfe der Probe.

3 Bankgeschäfte

a) Frau Niklas lieh sich für sieben Monate 1 300,00 € zu einem Zinssatz von 6,2 % p. a.
Berechne den Betrag, der nach sieben Monaten an die Bank zu zahlen ist.

____

____

b) Familie Jensen legte Geld an. Nach einem Jahr bekam sie 252,00 € Zinsen bei einem Zinssatz von 2,1 % p. a.
Wie viel hatte sie angelegt?

____

____

c) Herr Krause erhielt nach einem Jahr 89,20 € Zinsen für 4 000,00 €.
Wie viel Zinsen bekäme er nach zwei Jahren, wenn die Zinsen mit verzinst werden?

____

____

4 Multipliziere.

a) $7h \cdot (2 + e - 3eh) =$ ______________ **b)** $(4 - f) \cdot (4 + f) =$ ______________

c) $(10 - z)^2 =$ ______________ **d)** $(5 + 2h)^2 =$ ______________

5 Familie Tegen mietet sich für den Umzug einen Lkw.
Der Mietpreis beträgt 120,00 € pro Tag.
Für jeden Kilometer über 600 km sind zusätzlich 20 Cent zu zahlen.
Alle träumen davon, dass der Umzug schnell geschafft ist.

a) Ergänze die Tabelle. Trage entsprechende Punkte in das Koordinatensystem ein und zeichne den Graphen.

Fahrstrecke in km	600	700	800
Mietpreis in €			

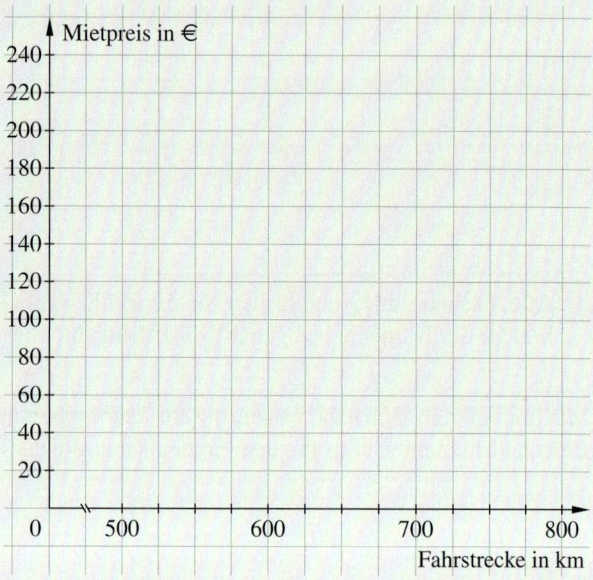

b) Ist die Zuordnung Fahrstrecke in km → Mietpreis in € eine Funktion? Ist es eine lineare Funktion?

____

____

____

____

c) Welche der Gleichungen passen zu einem Teil des Graphen?

☐ $f(x) = 120x + 0{,}2$ ☐ $0{,}2x + 120 = f(x)$

☐ $f(x) - 0{,}2 = 120x$ ☐ $f(x) = \frac{1}{5}x + 120$

6 Trage die Buchstaben der gesuchten Begriffe in die Kästchen ein.
Wenn alles richtig ist, ergibt sich ein Lösungswort.

1. Spezielle Rechtecke sind die …
2. Bei einer Funktion mit $y = mx + b$ steht m für die …
3. Die Zinsen für den Bruchteil eines Jahres erhält man durch Multiplizieren der Zinsen für ein Jahr mit dem entsprechenden ...
4. In der Zinsrechnung nennt man den Prozentsatz …
5. Die Graphen linearer Funktionen sind …
6. Ein Körper mit zwei zueinander parallelen und kongruenten Fünfecken ist ein …
7. In der Zinsrechnung nennt man den Grundwert …
8. Eine Fläche ohne Ecken ist ein …
9. Zum Lösen einer Sachaufgabe gehört das Formulieren einer …
10. Jedes Prisma hat einen …
11. Wenn durch Einsetzen einer Zahl in die Gleichung eine wahre Aussage entsteht, ist diese Zahl eine …
12. Zum Überprüfen des Ergebnisses macht man eine …
13. Ein Viereck mit einem Paar paralleler Seiten ist ein …
14. Ein Hundertstel ist ein …
15. 180° ist die Innenwinkelsumme im …
16. Ein oft genutztes Rechenverfahren ist der …
17. Sonderfälle bei der Multiplikation von Summen stellen die … Formeln dar.
18. Zwei Terme mit „=“ dazwischen ergibt eine …

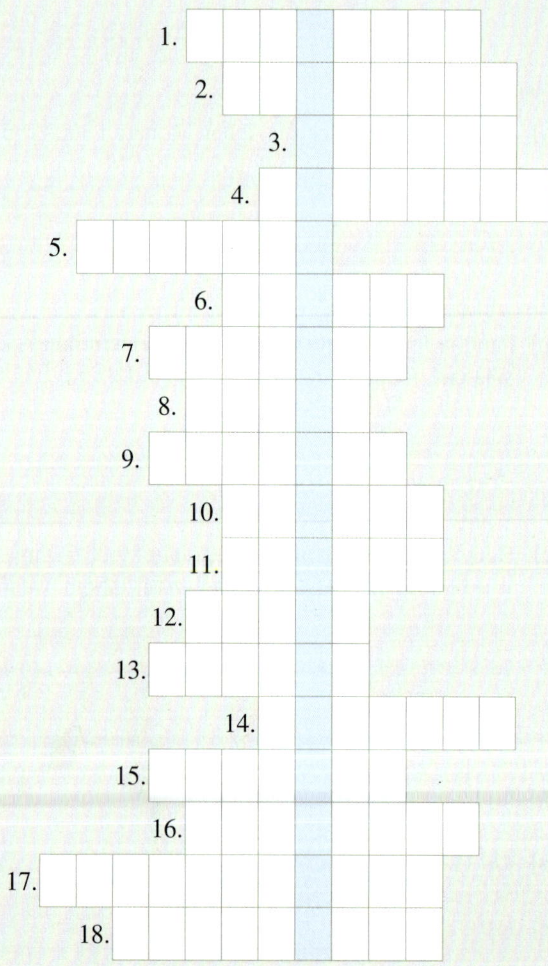